GUI

GRAPHICAL USER INTERFACE

设计新风向

善本出版有限公司 编著

华中科技大学出版社
http://www.hustp.com
中国·武汉

图书在版编目（CIP）数据

GUI 设计新风向 / 善本出版有限公司 编著 . – 武汉：华中科技大学出版社，2017.8

ISBN 978-7-5680-2833-2

Ⅰ . ① G… Ⅱ . ①善… Ⅲ . ①软件工具 – 程序设计　Ⅳ . ① TP311.56

中国版本图书馆 CIP 数据核字（2017）第 107954 号

GUI 设计新风向
GUI Sheji Xin Fengxiang

善本出版有限公司　编著

出版发行：华中科技大学出版社（中国·武汉）　　　电话：（027）81321913
　　　　　武汉市东湖新技术开发区华工科技园　　　邮编：430223

策划编辑：段园园　林诗健　　执行编辑：林秋枚　　装帧设计：林秋枚　　责任监印：林诗健
责任编辑：熊　纯　何明明　　翻　　译：魏颖莹　　艺术指导：林诗健　　责任校对：何明明

印　　刷：博罗园洲勤达印刷有限公司
开　　本：889mm×1194mm　1/16
印　　张：16
字　　数：128 千字
版　　次：2017 年 8 月第 1 版 第 1 次印刷
定　　价：268.00 元

投稿热线：13710226636　　duanyy@hustp.com
本书若有印装质量问题，请向出版社营销中心调换
全国免费服务热线：400-6679-118 竭诚为您服务

科技日新月异，交互设计领域又有了哪些新变化？数据可视化、VR 技术的介入、界面无形化等，我们又了解多少？无论是刚入门的新手，还是已有经验的设计师，都需要跟上设计的新风向、把握圈子的新动态才能做出更贴合时代的产品，请翻开这一页往下阅读吧，大量资讯和实例等着你！

目录
CONTENTS

SOCIAL
聊天社交

除了知道脸书和推特，你还了解哪些社交软件？本章介绍
交互设计如何在社交软件中发挥作用，留住用户。

即时通讯
INSTANT MESSAGING

群聊
GROUP CHAT

约会
DATING

个人社区
PERSONAL COMMUNITY

未来的交互设计应以人为本

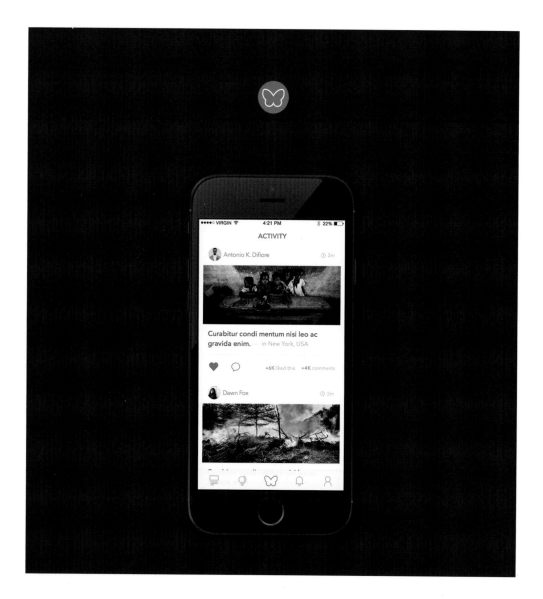

Francisco Junior
巴西

交互设计需要融入产品中，让它们服务于人的日常社交与生活。因此，交互设计的目标应该是降低产品的使用难度，不管产品是有形或是无形的。

当然，在设计一个网站、一个应用程序时，为了实现高效融洽的交互效果，设计师应该把用户牢牢地记在心上。他们应该考虑自己设计的互动环节。

设计这个作品的时候，我们将业务计划的完成度和客户的期待值推到另外一个新高度，因为我们拉近了这个品牌和用户之间的关系。

但是，交互设计除了考虑实用性之外，还有很多其他重要的因素需要仔细考虑。首先，交互设计师应该考虑产品如何设计才能更好地融入用户的生活；其次，要考虑与产品相关的情感传递问题，有时一个产品可能没有什么特别的使用价值，只是娱乐消遣，却能引起很多用户的共鸣；最后，还需要考虑其他的因素，如安全因素、社会行为动向、政治因素、符号学表达、信仰因素和用户消费能力等。

在开始任何服务设计或产品设计之前，对相关用户认知和知识架构进行了解也非常重要。只有近距离的接触，设计师才能了解他们的经历、愿望和期待，通过用户调查之后做出的设计才能与他们的需求产生共鸣。做到了这一步，我们才能真正地设计出真实的体验，才能紧紧地抓住用户的心。

当然，作为设计师，我们每个人都有不同的工作方式。但是，我们的目标都是一样的，即为"人"做设计。用户的感觉是非常直接的，他们不喜欢思考。如果他们被强迫思考，那这时我们该想想可能我们设计的东西真的不实用了。

我设计的作品中，往往都会有清晰、干净的界面，而且有大量留白。这能帮助用户快速定位界面信息及掌握当前产品的信息组织方式。当然，色彩和符号的使用也非常关键，利用好这些元素，能使用户客观、直接地弄懂相关信息。这样远比费力阅读文字再进行思考要好，也更容易被用户接受。同时，我还喜欢在字体上多费点心思，例如调整文字的粗细，或者改变文字大小——这是因为我相信选择一种合适的字体可以让界面展示更多一分个性。

我认为在未来的产品开发和设计中，交互设计会逐渐成为一个决定性的因素，不管是网络平台的设计、移动设备应用，还是任何与语音相关的服务和产品界面。

CHANGE IT APP

设计师：Francisco Junior

Change It 是一款可以在全球范围内帮助用户改变自己所处之地现状的应用程序。用户拍下他们社区中存在的问题，照片带上地点标示，地图上就会出现相应的小视图，还可以附上自己的想法，为社区发展做贡献。

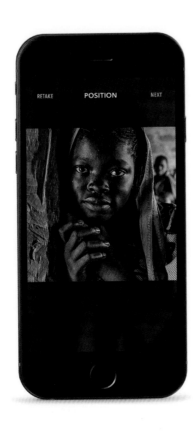

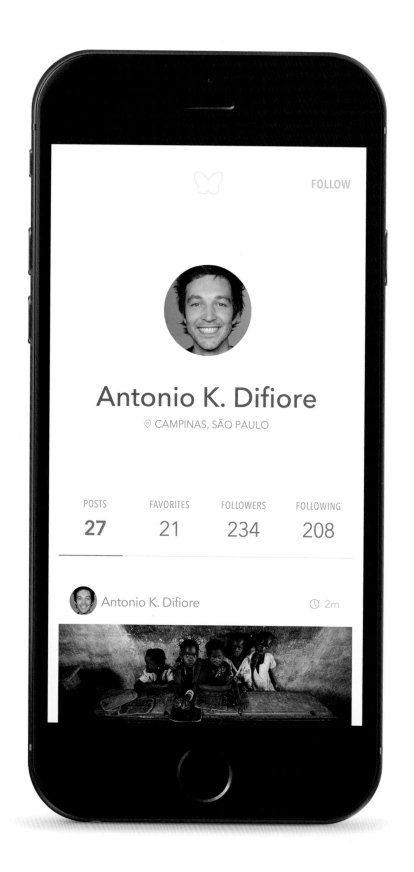
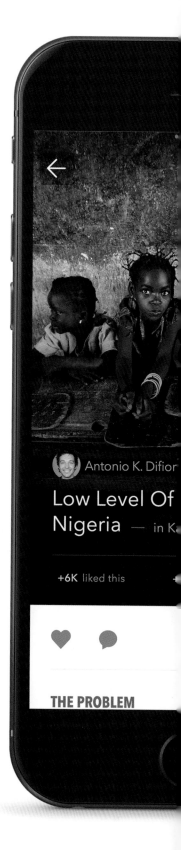

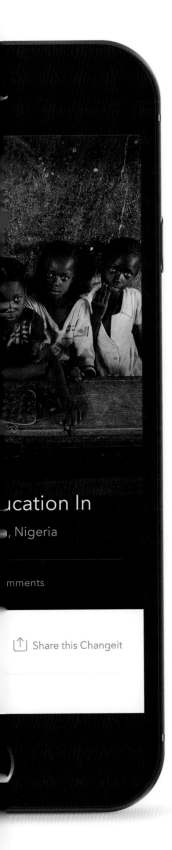

SPLISH APP

设计师：Kristijan Binski　　　国家：塞尔维亚

Splish 是一款与众不同的约会应用。它内置一个题库，里面有各种有趣的问题，比如：你最喜欢的冰淇淋是？你的秘密才能是？用户将根据答案来选择聊天对象，趣味十足。

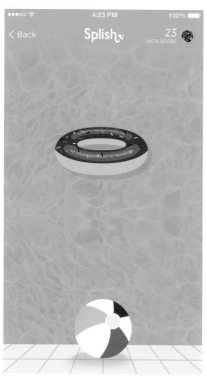

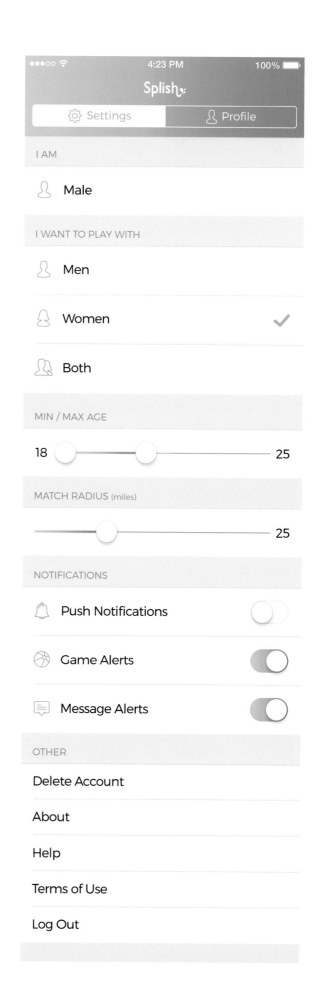

Dating Pool

Game Questions

Chat

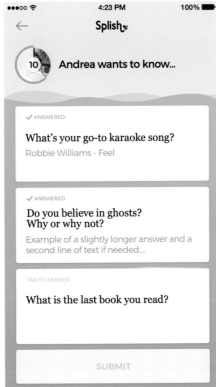

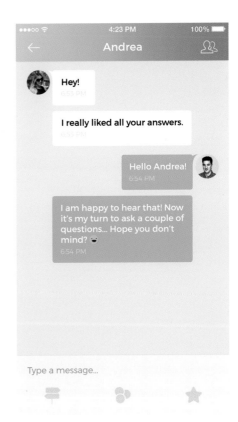

BEACH LOVE APP

设计师：Marco Santonocito   国家：意大利

SportFelix 是一家意大利旅游公司，专注于策划、推广和组织国际
体育赛事、游学和培训等。每年吸引了超过 20 000 名参加者参与
其中。Beach Love 是设计师受该公司委托而设计的一款面向活动
参加者的社交应用软件，用户可以使用该软件认识其他的参加者并
开始约会，帮助他们找到真爱。

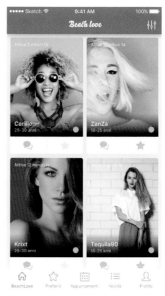

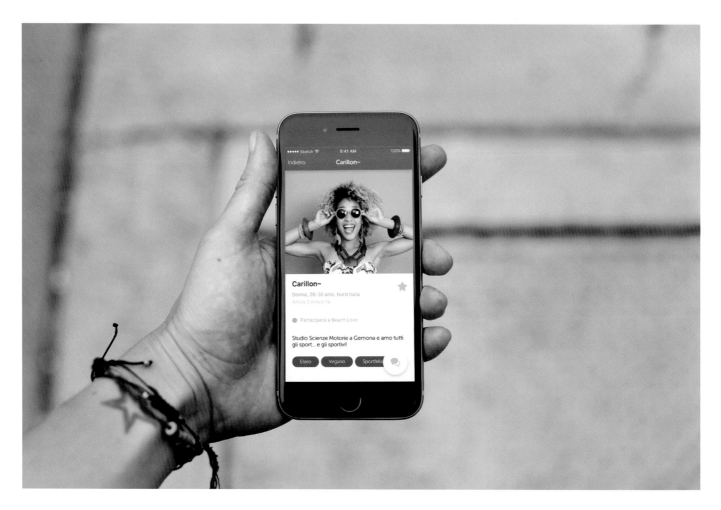

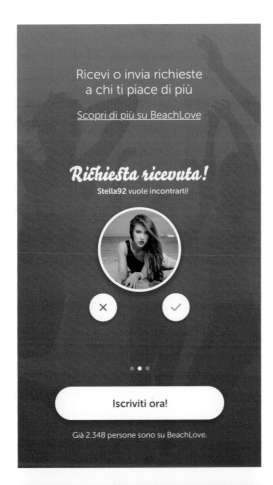

Ricevi o invia richieste
a chi ti piace di più

Scopri di più su BeachLove

Richiesta ricevuta!

Stella92 vuole incontrarti!

× ✓

● ● ●

Iscriviti ora!

Già 2.348 persone sono su BeachLove.

Incontra chi ti piace e chissà,
magari scatta qualcosa!

Scopri di più su BeachLove

Scatta il limone!

● ● ●

Iscriviti ora!

Già 2.348 persone sono su BeachLove.

Cancella   **Filtri**   Fatto

Filtra la lista dei partecipanti
in base alle tue preferenze!

(Sesso ⌄)

(Fascia d'età ⌄)

(Regione di provenienza ⌄)

Eventi BeachLove

☐ Mizuno Beach Volley Marat...
19 - 21 Maggio

☐ B5FootballCup
20 - 21 Maggio

☐ Beach Volley Marathon
9 - 11 Giugno

☐ Bibione&Beach Fitness
15 - 17 Settembre

☐ Mizuno Beach Volley Marat...
15 - 17 Settembre

☐ Foto profilo

☐ Attivo nelle ultime 24h

Caratteristiche

(Etero) (Omo) (Bisex)

(Vegano) (Sportfelix)

(Pirata)

Filtra

00. Caricamento

Summer Love

01. Onboarding

Titolo

02. Sign in / Sign up

03. Utenti

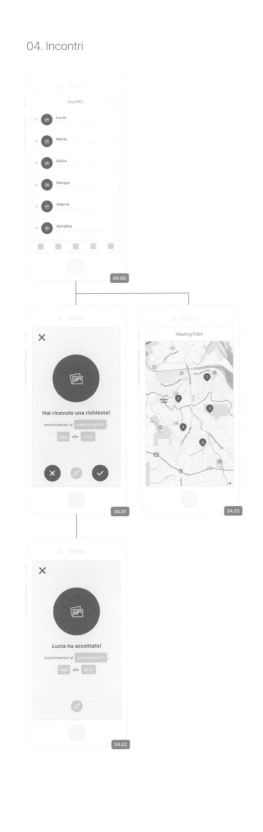

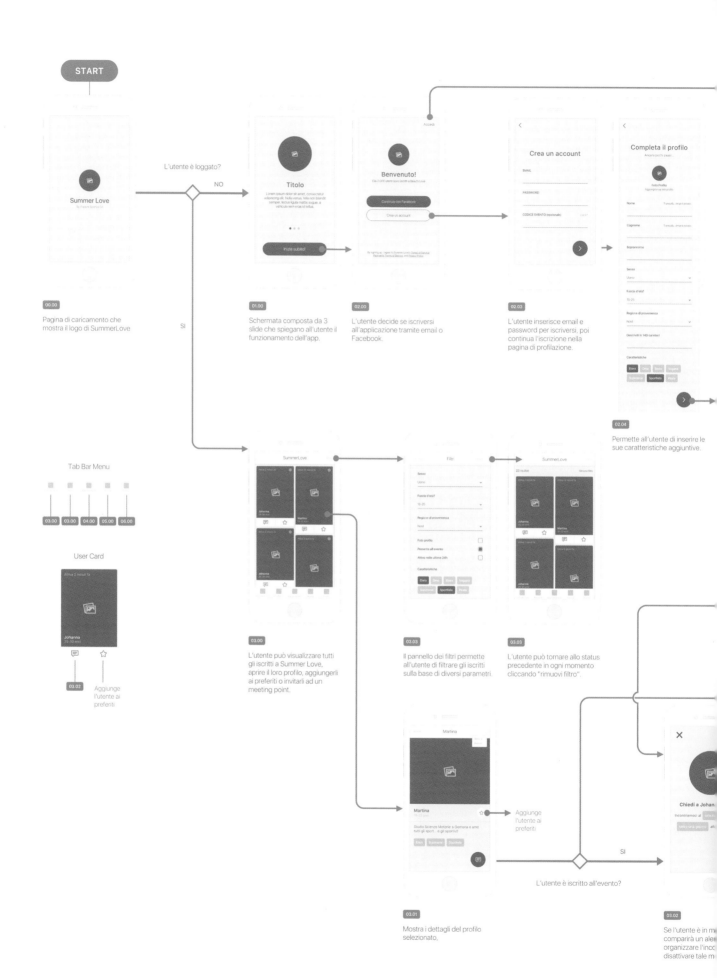

START

L'utente è loggato?

NO

SI

Summer Love

00.00
Pagina di caricamento che mostra il logo di SummerLove

Titolo

Lorem ipsum dolor sit amet, consectetur adipiscing elit. Nulla varius, felis non blandit semper, lectus ligula mattis augue, a vehicula sem eros id tellus.

Inizia subito!

01.00
Schermata composta da 3 slide che spiegano all'utente il funzionamento dell'app.

Benvenuto!

Continua con Facebook

Crea un account

02.00
L'utente decide se iscriversi all'applicazione tramite email o Facebook.

Crea un account

EMAIL

PASSWORD

CODICE EVENTO (opzionale)

02.03
L'utente inserisce email e password per iscriversi, poi continua l'iscrizione nella pagina di profilazione.

Completa il profilo

Foto Profilo

Nome

Cognome

Soprannome

Sesso

Fascia d'età?

Regione di provenienza

Descrivi in 140 caratteri

Caratteristiche

02.04
Permette all'utente di inserire le sue caratteristiche aggiuntive.

Tab Bar Menu

03.00 03.00 04.00 05.00 06.00

User Card

Johanna

03.02

Aggiunge l'utente ai preferiti

03.00
L'utente può visualizzare tutti gli iscritti a Summer Love, aprire il loro profilo, aggiungerli ai preferiti o invitarli ad un meeting point.

03.03
Il pannello dei filtri permette all'utente di filtrare gli iscritti sulla base di diversi parametri.

03.03
L'utente può tornare allo status precedente in ogni momento cliccando "rimuovi filtro".

Martina

Studio Scienze Motorie a Gemona e amo tutti gli sport... e gli sportivi?

Aggiunge l'utente ai preferiti

L'utente è iscritto all'evento?

SI

Chiedi a Johan

Incontriamoci al

03.01
Mostra i dettagli del profilo selezionato.

03.02
Se l'utente è in m comparirà un aler organizzare l'inco disattivare tale m

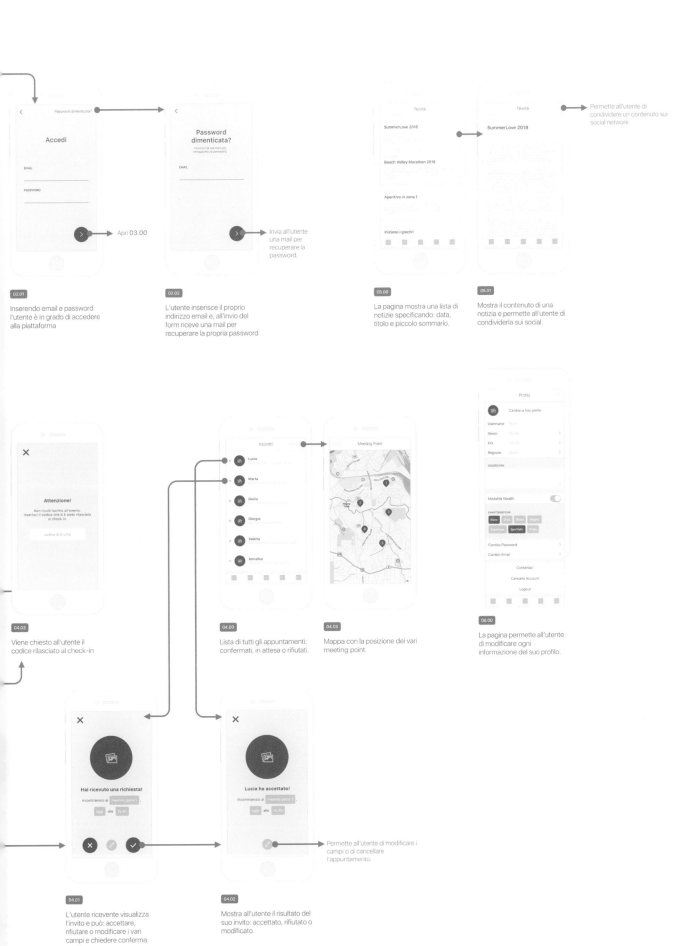

02.01

Inserendo email e password l'utente è in grado di accedere alla piattaforma

02.02

L'utente inserisce il proprio indirizzo email e, all'invio del form riceve una mail per recuperare la propria password

Invia all'utente una mail per recuperare la password.

05.00

La pagina mostra una lista di notizie specificando: data, titolo e piccolo sommario.

05.01

Mostra il contenuto di una notizia e permette all'utente di condividerla sui social.

Permette all'utente di condividere un contenuto sui social network.

04.03

Viene chiesto all'utente il codice rilasciato al check-in

04.00

Lista di tutti gli appuntamenti: confermati, in attesa o rifiutati.

04.03

Mappa con la posizione dei vari meeting point.

06.00

La pagina permette all'utente di modificare ogni informazione del suo profilo.

04.01

L'utente ricevente visualizza l'invito e può: accettare, rifiutare o modificare i vari campi e chiedere conferma.

04.02

Mostra all'utente il risultato del suo invito: accettato, rifiutato o modificato.

Permette all'utente di modificare i campi o di cancellare l'appuntamento.

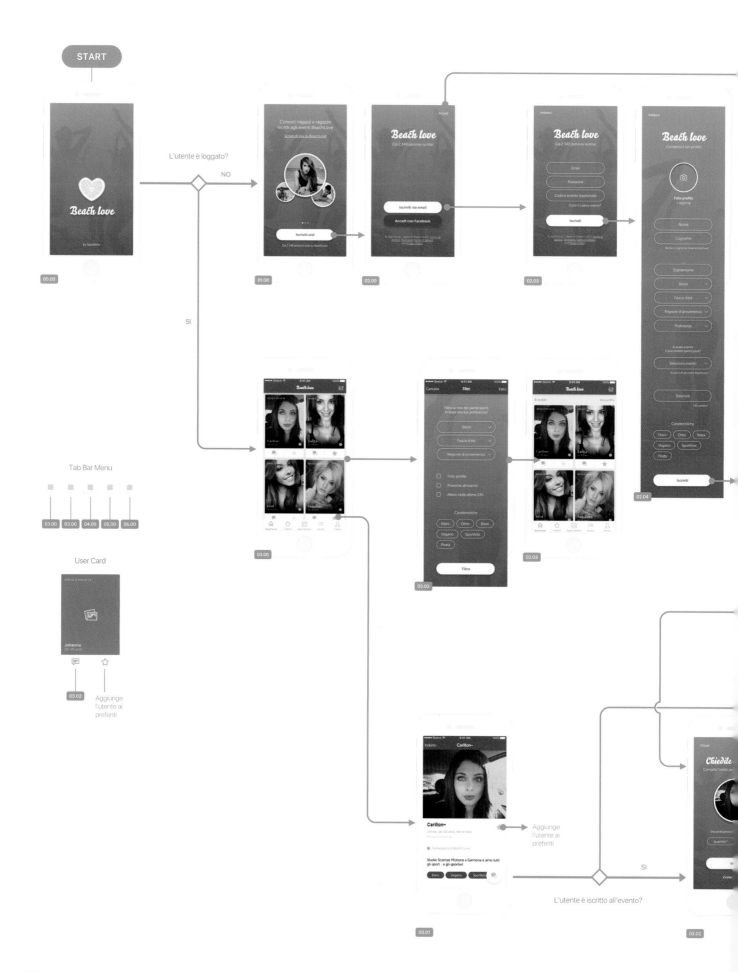

START

L'utente è loggato?

NO

SI

00.00

01.00

02.00

02.03

02.04

Tab Bar Menu

03.00   03.00   04.00   05.00   06.00

User Card

03.02

Aggiunge
l'utente ai
preferiti

03.00

03.03

03.03

03.01

Aggiunge
l'utente ai
preferiti

SI

L'utente è iscritto all'evento?

03.02

02.01

Apri **02.04** precompilato con alcuni dati presi da FB

02.02

Invia all'utente una mail per recuperare la password.

05.00

05.01

Permette all'utente di condividere un contenuto sui social network.

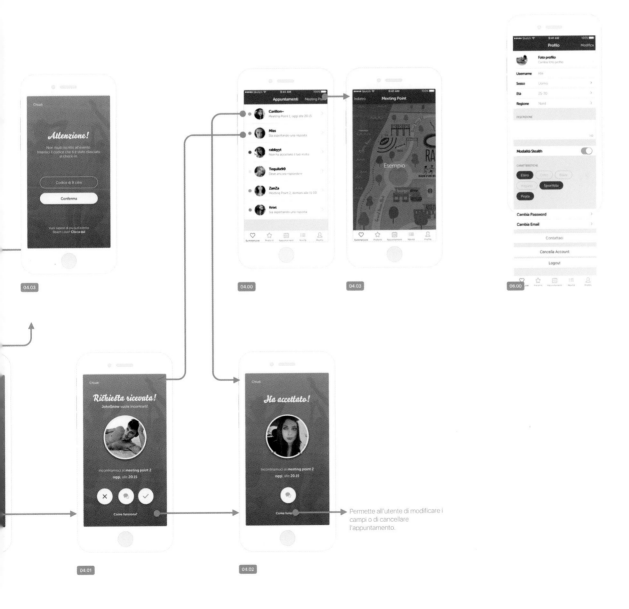

04.03

04.00

04.03

06.00

04.01

04.02

Permette all'utente di modificare i campi o di cancellare l'appuntamento.

界面无形化会成为未来的新趋势

Anton Avilov
俄罗斯

心理分析是现代交互设计的必要部分，在这方面不仅不存在通用法则，而且很明显每个案例都不尽相似。在设计初始阶段，定位你的目标用户和计划任务很重要，因为这正是影响用户行为的关键。越是深入了解你的用户群，你越能成为一个可影响他人的设计者。像"生气"或是"渴望"这类独立的情绪，都对设计策略无益，但会影响不同用户群的使用感受。因此在设计之初，设计师应全面分析和分类不同用户群的心理和情感特征，以便在日后的设计之中应用。例如，我们定义一群叫"开发商"的预期用户，则需要在设计中反映他们的习惯和共同的情感特征。另外，我们要进行产品功能的简化，在节约用户时间的同时，也能有方便用户的科技感。

颜色、图像、字体都是交互设计师的设计板块，但最重要的是如何恰当地组合并呈现出这些元素。把元素结合得恰到好处，才能表现出作品自身的独特之处，从而真正地创造特殊感和识别度。

未来的交互设计将在简化用户界面的基础上，营造出一种直观明了的感觉。当终端用户更少地受交互设计的影响而分散注意力时，才是最完美的交互状态，好比当某人与该设备中的界面进行无缝交流时，界面仿佛就在用户手中。

U&ME APP

设计师：Anton Avilov

U&Me 是一款为 iOS 系统设计的，具有协作和沟通功能的应用程序。

Sign In

Simple and simple registration with
mobile phone number and
confirmation via SMS

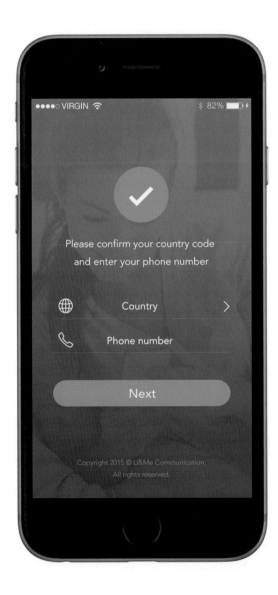

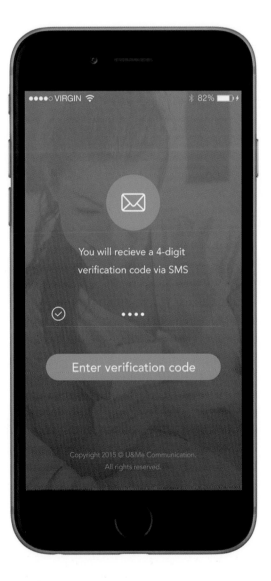

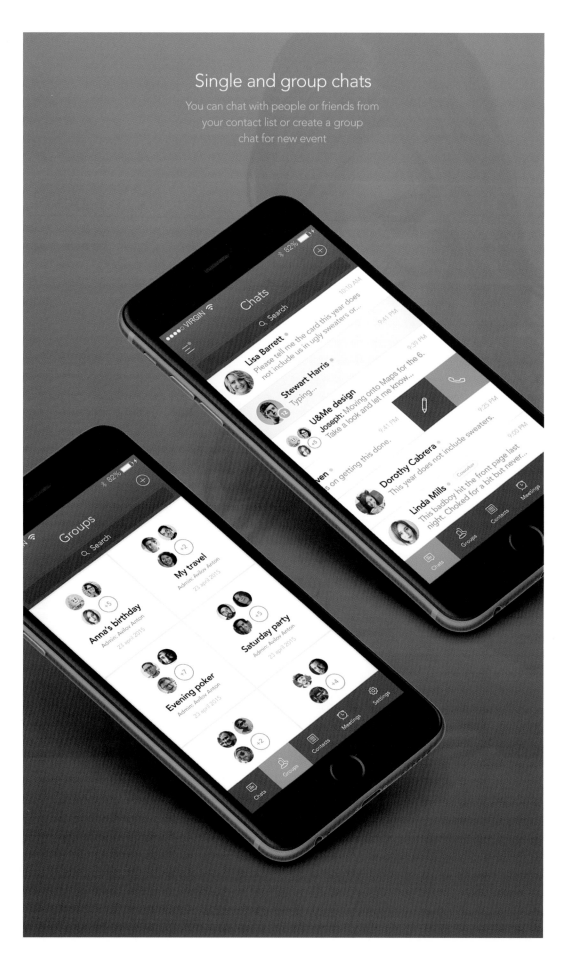

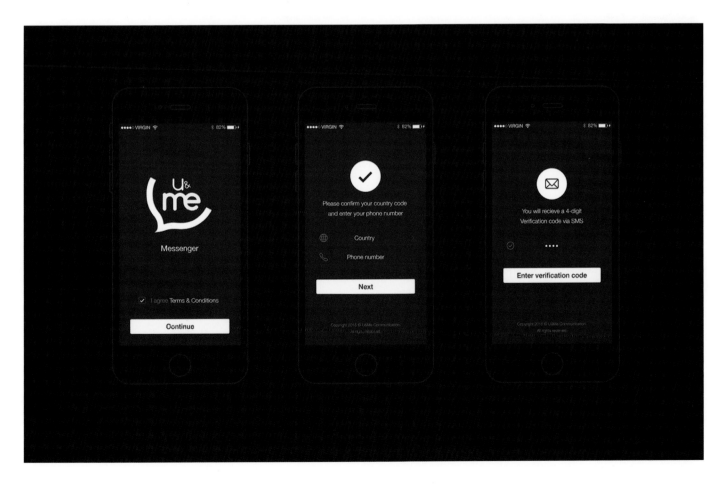

SKA VI SES? APP

设计师：Danica Glodjovic　　　国家：塞尔维亚

Ska Vi Ses? 是为腼腆的年轻人设计的在线约会应用。它不支持聊
天功能，用户可以向心仪的对象发送名片，当彼此都收到对方的名
片时，用户可使用该应用打电话或发送约会邀请。它的用户界面针
对青少年用户群体设计，色彩酷炫，直观易用。

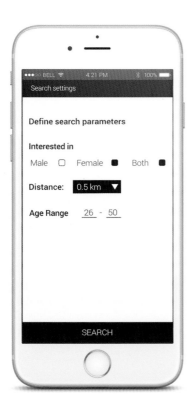

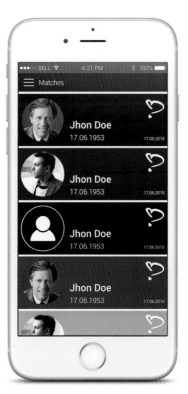

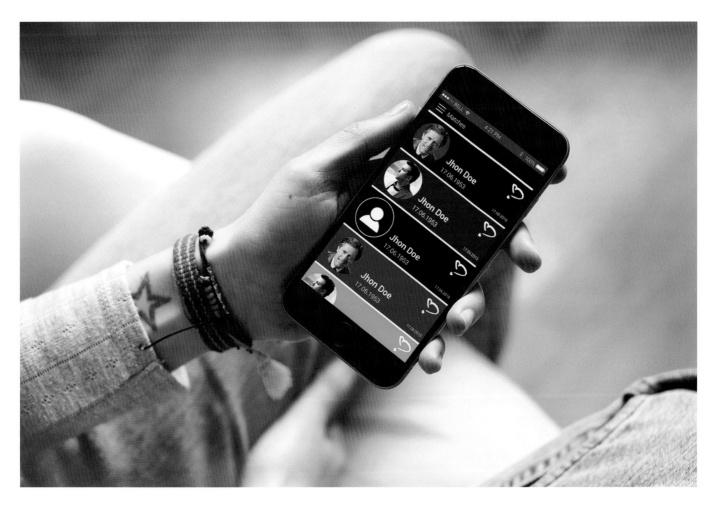

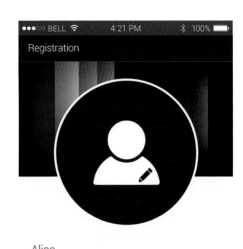

Alias

First Name

Last Name

e-mail

Select Date of Birth 📅

Choose your gender

Male ☐　Female ■

Interested in

Male ☐　Female ■　Both ■

Age Range　26 - 50

CONTINUE

登录界面 第一步

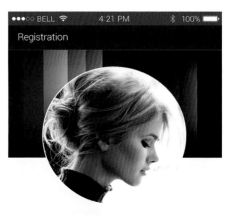

Add more photos and video

* You can add 2 more photos that will be shown to your matches.

* Video can't be longer than 10 seconds.

FINISH

登录界面 第二步

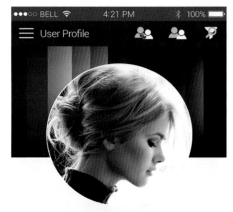

☰ User Profile

Blue Angel

Annie Doe, 15.06.1978

Interested in: Male

EDIT PROFILE

个人资料界面

REGISTER AND CREATE PROFILE
1

SET SEARCH CRITERIA
2

SEND AND RECEIVE POKES
3

ASK FOR A DATE OR CALL
4

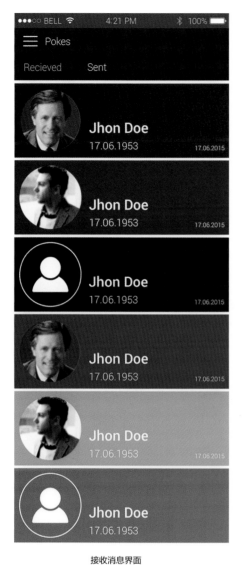

接收消息界面

配对界面

发送消息界面

照相机	录像机	忽略	接受	设置

打电话	配对消息信箱	普通消息信箱	搜索筛选	附近消息	编辑	编辑图片	日历

BRAIN DROPS APP

设计师：Danica Glodjovic　　国家：塞尔维亚

Brain Drops 应用的主要设计理念是让商务人士能够充分地利用空闲时间。他们候机或候车时，可打开此应用，寻找附近的商业伙伴，交换彼此的想法。该应用还支持预定行程、打电话和聊天等功能。

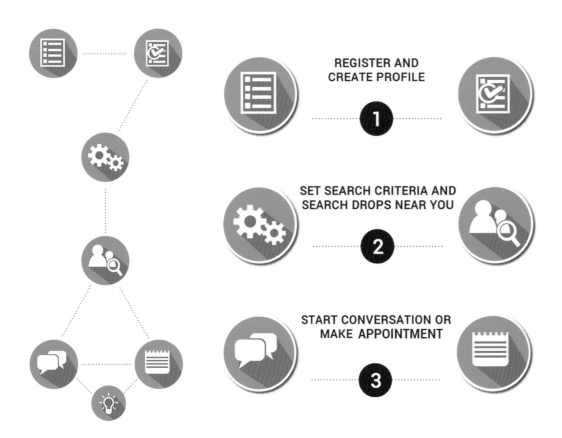

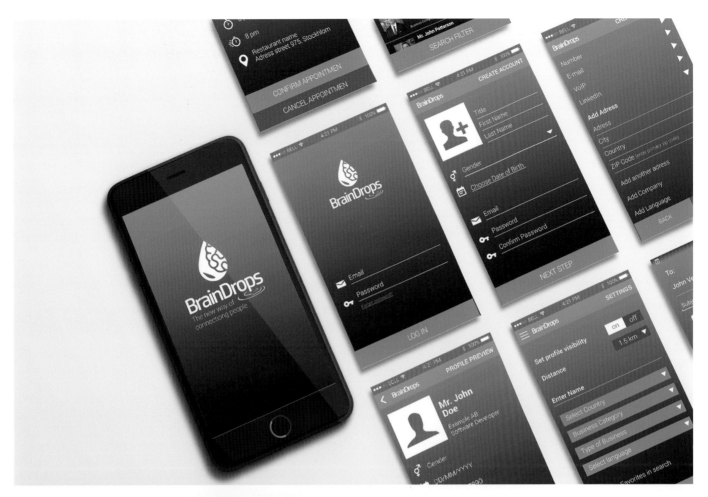

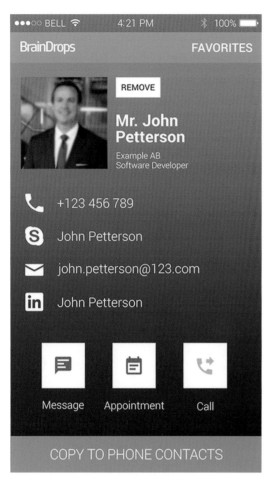

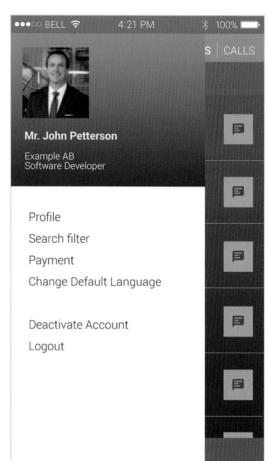

收藏联系人界面　　　　　　　　　　滑动菜单界面

新信息界面

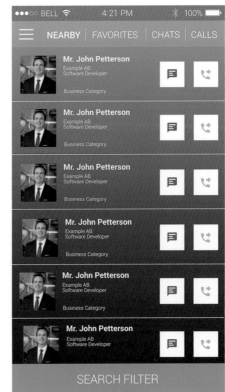

搜索界面

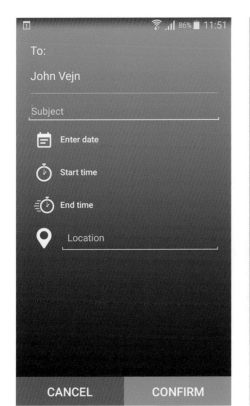

预约行程

确定预约

ABOKI APP

设计师：Shabbir Manpurwala　　　国家：印度

Aboki 是一款新颖的聊天应用软件，用户可在地图上寻找聊天伙伴
并开始聊天。此外，用户还可以创建聊天群组，与多个用户聊天。

Thought Process

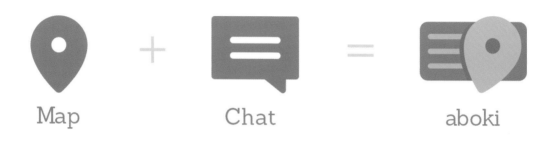

Map　　+　　Chat　　=　　aboki

Aboki Style Guidelines

UI Colors

#0098ff	#7536ff	#2dd635	#ff003c
#59517b	#a8a3c2	#e8e7ec	#ffffff

Font

Rubik (Google Fonts)

Font Size

36px
32px
28px
24px
20px

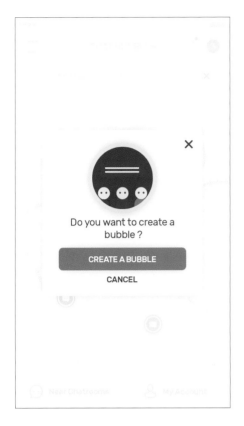

Do you want to create a bubble ?

CREATE A BUBBLE

CANCEL

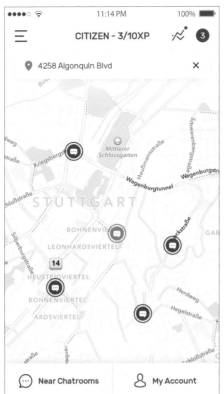

CITIZEN - 3/10XP

4258 Algonquin Blvd

STUTTGART

Near Chatrooms   My Account

CHAT BUBBLES

4258 Algonquin Blvd

STUTTGART

Near Chatrooms   My Account

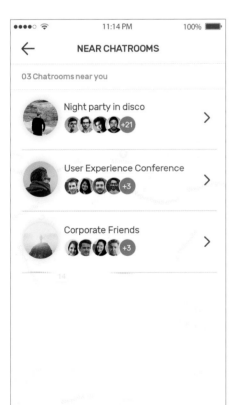

NEAR CHATROOMS

03 Chatrooms near you

Night party in disco
+21

User Experience Conference
+3

Corporate Friends
+3

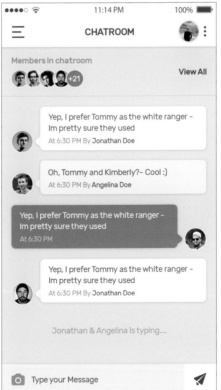

CHATROOM

Members in chatroom   View All
+21

Yep, I prefer Tommy as the white ranger - Im pretty sure they used
At 6:30 PM By **Jonathan Doe**

Oh, Tommy and Kimberly?- Cool :)
At 6:30 PM By **Angelina Doe**

Yep, I prefer Tommy as the white ranger - Im pretty sure they used
At 6:30 PM

Yep, I prefer Tommy as the white ranger - Im pretty sure they used
At 6:30 PM By **Jonathan Doe**

Jonathan & Angelina is typing....

Type your Message

CHATROOM

Minimize Chat

Invite Friends

Close window

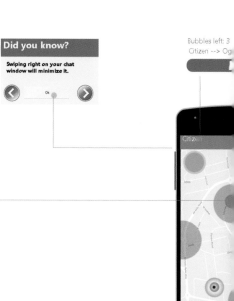

Did you know?

Swiping right on your chat window will minimize it.

Ok

滑动手指来放大 / 缩小
– 滑动至地图其他区域
– 轻按以开启聊天室

长按以打开更多功能:
新建私人聊天
请求
屏蔽用户

聊天室窗口最小化 / 查看下一页。

CHAT ROOM 1

Anon1: Hello
Anon2: You don kolo
Anon3: Calm down. No vex.
Me: Chai, there is God ooo
Deadpool42: Baba go slow
Anon4: I am the truth
BWayne: I am batman

关闭聊天室。用户将不再收到此聊天室的通知。

从联系人列表中邀请一位朋友加入聊天室（此功能仅面向注册用户）。

CHAT: BWayne

Me: Chai, we need special prayers
BWayne: and some holy water

BWayne has left the room.

Rate User

每部手机将记录用户评分
– 若匿名评分，XP 用户每天更新一次。
– 3 星是 +0XP，1 星是 –2XP，5 星是 +2XP 等。
– 发起私人聊天的用户将被其他用户评分。即发起聊天后不提供任何帮助的用户将不会获得任何 XP。如果用户点击"X"，则他不会再收到任何通知。

Contacts & Tips

联系人和小贴士

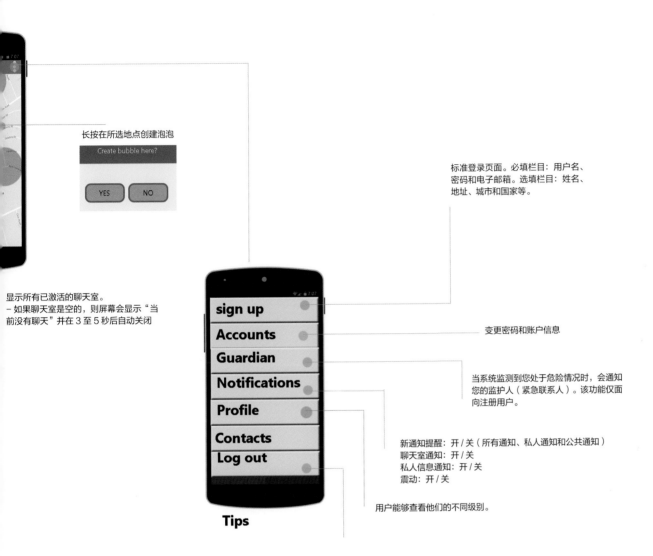

长按在所选地点创建泡泡

Create bubble here?

YES   NO

标准登录页面。必填栏目：用户名、
密码和电子邮箱。选填栏目：姓名、
地址、城市和国家等。

显示所有已激活的聊天室。
– 如果聊天室是空的，则屏幕会显示"当
前没有聊天"并在 3 至 5 秒后自动关闭

sign up

Accounts

Guardian

Notifications

Profile

Contacts

Log out

变更密码和账户信息

当系统监测到您处于危险情况时，会通知
您的监护人（紧急联系人）。该功能仅面
向注册用户。

新通知提醒：开 / 关（所有通知、私人通知和公共通知）
聊天室通知：开 / 关
私人信息通知：开 / 关
震动：开 / 关

用户能够查看他们的不同级别。

Tips

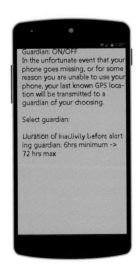

Guardian: ON/OFF
In the unfortunate event that your
phone goes missing, or for some
reason you are unable to use your
phone, your last known GPS loca-
tion will be transmitted to a
guardian of your choosing.

Select guardian:

Duration of inactivity before alert
ing guardian: 6hrs minimum ->
72 hrs max

GROUPEEZ APP

设计师：Aloïs Castanino　　国家：法国

Groupeez 是一款 iOS 社交应用，用户可通过该应用发现志趣相投的电影迷。你可以与其他电影迷们搜罗好看的电影，和他们聊天及相约一起看电影。该应用采用传统的扁平化设计风格，用户界面简约友好，色彩绚丽。生动有趣的插图配以简洁明了的指示让新手能够快速上手，用户可轻松地使用聊天功能创建群组并开始聊天。

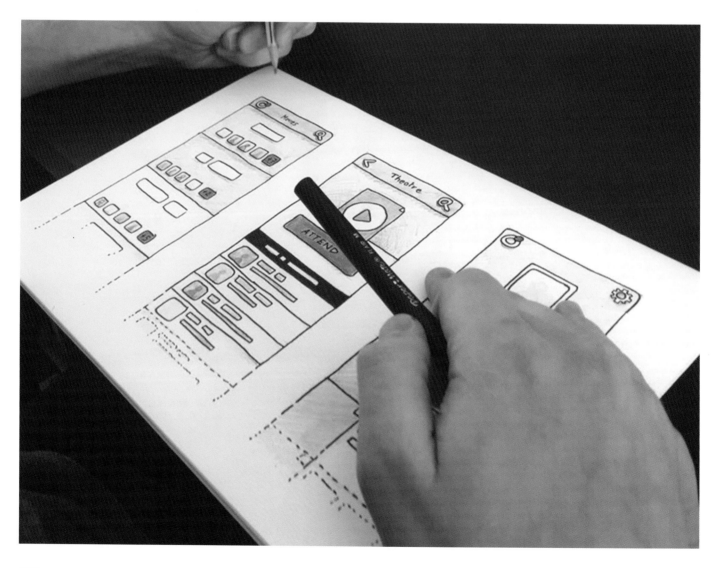

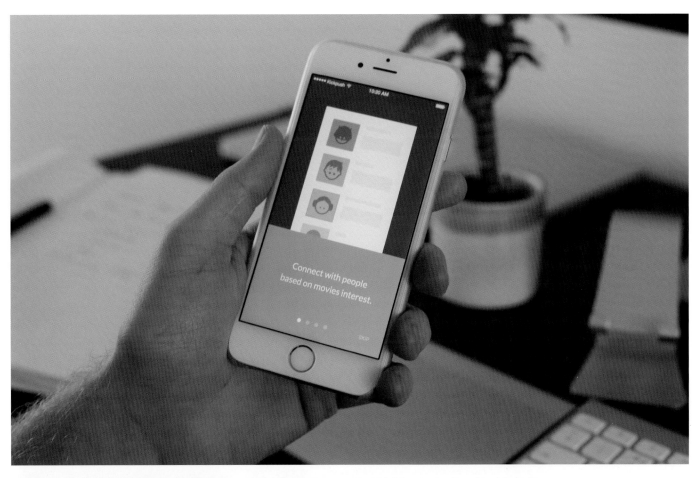

ONBOARDING – DATING APP

设计师：Soong Sup Shin　　　国家：美国

这是一款约会应用程序的欢迎界面。设计师设计了一系列生动有趣
的交互动画，突出应用的独特品牌个性。设计师采用鲜明的柔和色调，
布局简单实用，给新用户创造了良好的第一印象。

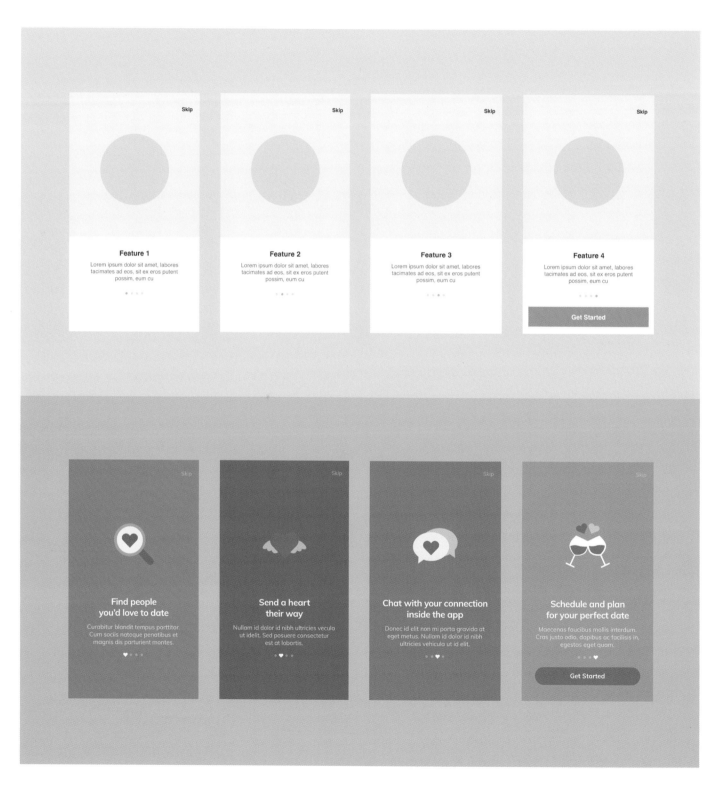

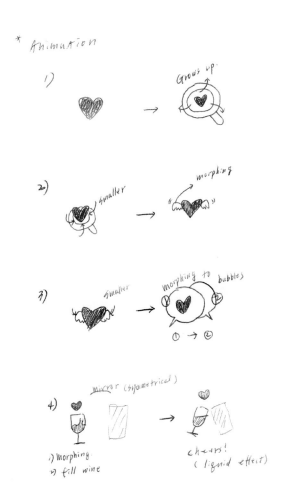

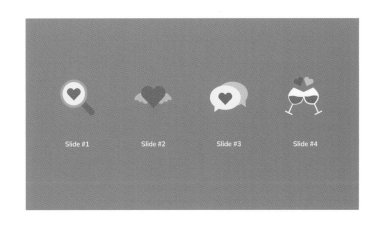

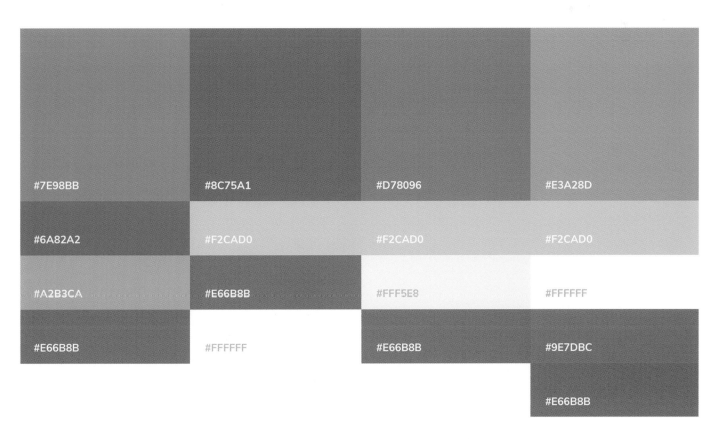

#7E98BB	#8C75A1	#D78096	#E3A28D
#6A82A2	#F2CAD0	#F2CAD0	#F2CAD0
#A2B3CA	#E66B8B	#FFF5E8	#FFFFFF
#E66B8B	#FFFFFF	#E66B8B	#9E7DBC
			#E66B8B

TOOWAY APP

设计师：Taehee Kim，Hyemin Yoo　　　国家：德国 / 韩国

TOOWAY 是一款可以在用户做决定时提供帮助的应用程序。用户可以匿名投票，帮别人选择出自己觉得好的或坏的决定，每个用户都可以发自己苦恼的问题让其他用户帮忙投票进行选择。

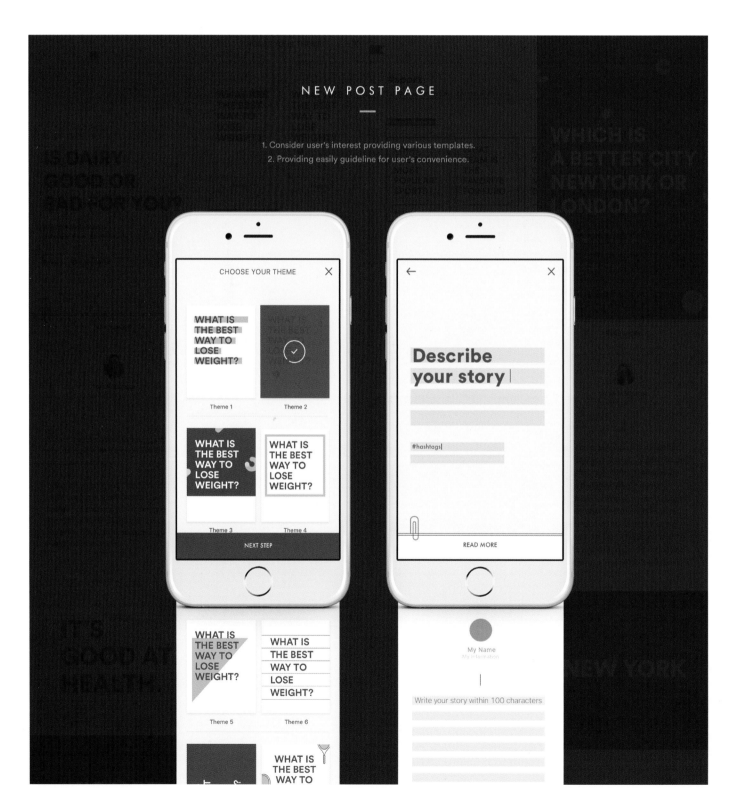

—

1. Providing visual consistent with scroll screen
2. Delivering visual pleasure with changing pattern depending on hashtag.
3. Delivering visual pleasure while swiping motion of two choices.

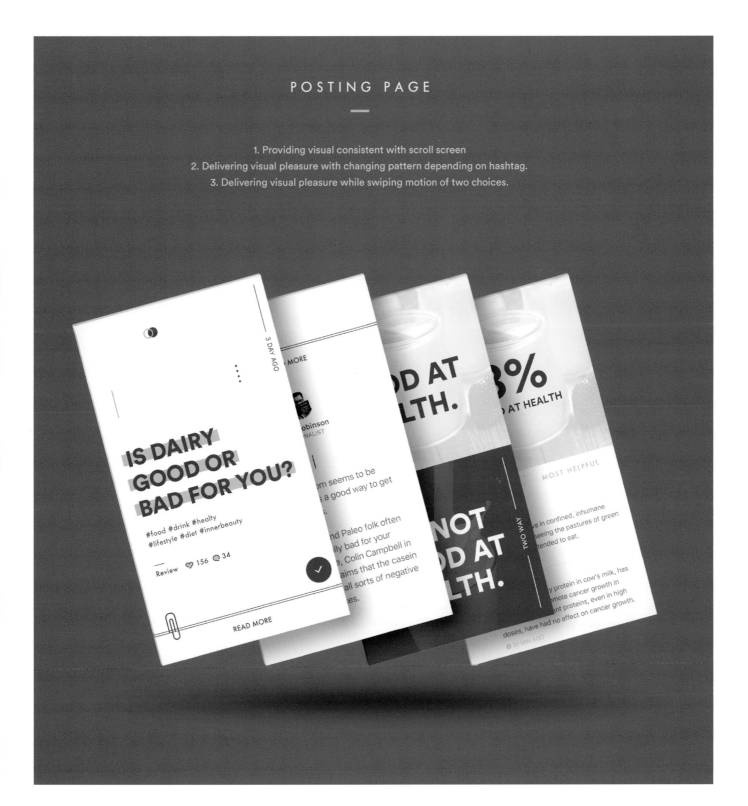

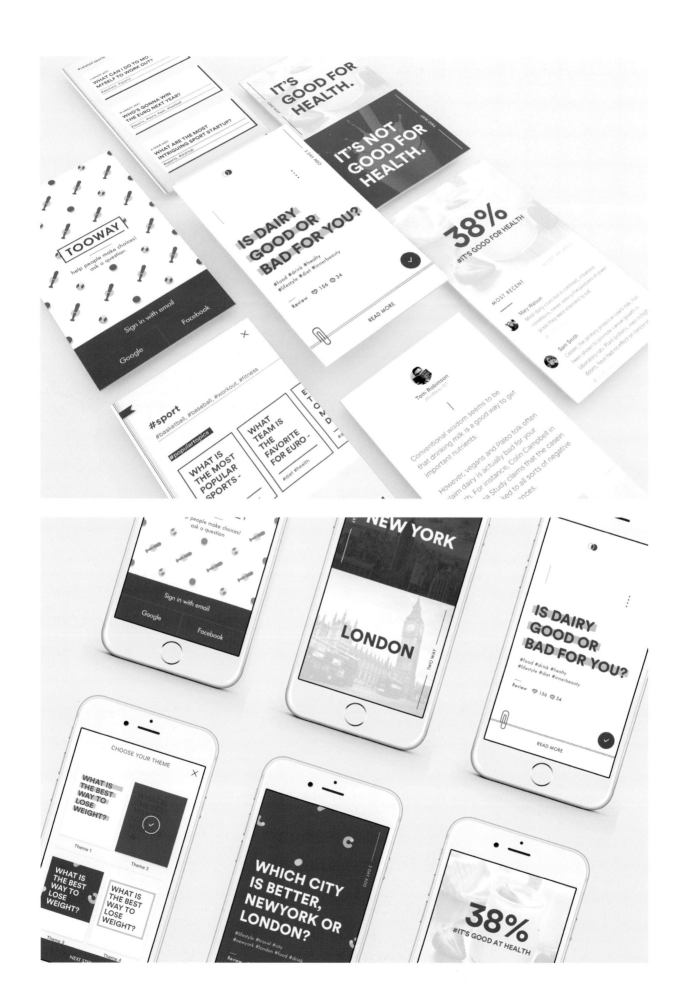

CHOOSE PAGE

ONE WAY

NEW YORK

LONDON

TWO WAY

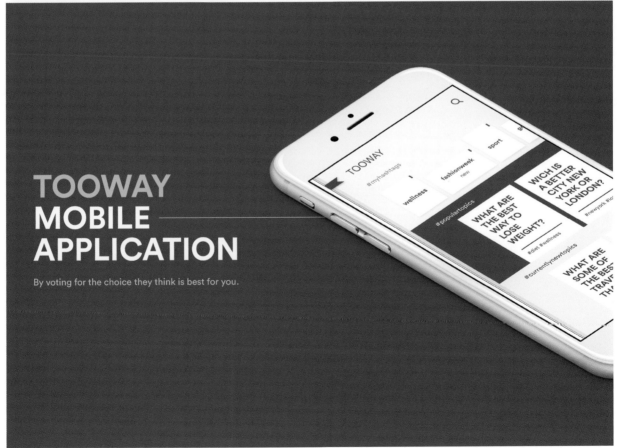

TOOWAY
MOBILE
APPLICATION

By voting for the choice they think is best for you.

交互设计的参与度

Annelies Clauwaert
比利时
艺术指导

要在一般的设计中理解人类的心理，还有一段很长的路要走。其实有很多方法可以创造出独特的情感体验，通过色彩、对比、图形、字体、文字等途径，从而营造出一种适合产品的情感氛围。虽然以上提到的东西不会生拼硬凑出"情绪"，但它们可以合力催生出对的感觉。当然，交互设计不仅建立情感联系和营造良好的氛围，设计师的设计还应该满足特定的潜在用户群。

如今社会飞速发展，如非必要，人们已经懒得再去做些什么或想些什么，他们都想快速获取自己所需要的东西。由此引出了交互设计的本质——参与度，科技曾为设计创造需求，所以人们可以用最新的设备进行人机交互活动。这一切都始于在认识心理学一些正好适用于交互设计的关键要素基础上，创造令人熟悉的、直截了当的界面。功能可见性、交互隐喻、思维模式，也是影响设计的重要因素。想想你能在众多电脑上看到的东西，如垃圾箱、日历、邮件、备忘录、文件夹等图标，它们的原型都是实物，之所以要临摹实物去创作电子图标，是因为我们都非常熟悉这些东西，它们的形象已经固化在我们脑海中。这听起来好像不怎么好，但的确是事实，我们可以掌握科技、可以把握设计，但不能去控制人们的思考和行为。

设计就像改革和人类之间的桥梁，至今为止的改革，都受科技驱使，但即使世界日新月异的速度再快，设计从不落伍。在未来，不同类型的设计师之间的分界线将淡化，甚至消亡。我们不能预测将来，但我们可以跟着世界新动态来做准备，例如：用户们想看到电子信息如何传递、他们想如何去体验这样的信息交换，以及设计师能做出怎样的行动去影响和支持这些改变。

FANZONE APP

设计师：Annelies Clauwaert

Fanzone 是瑞典一家为全球专业运动员提供数字服务来管理自己的社交媒体和粉丝群的公司。这款与公司同名的软件着眼于让运动员可以有发自内心、诚恳且独特的粉丝互动关系。它共由 3 个部分组成，基于原来的品牌识别，优化了 iOS 软件以及打造了一个全新的用户界面设计。设计的主要目的是通过软件为用户提供节省时间和管理时间的机会，经过简化的交互界面，将主要的功能集中在主菜单里，其他功能都移到背景里隐藏起来。

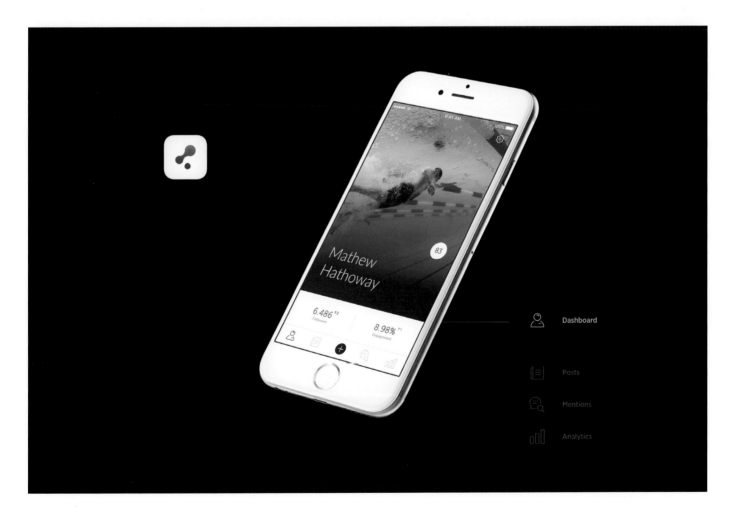

Wireframes

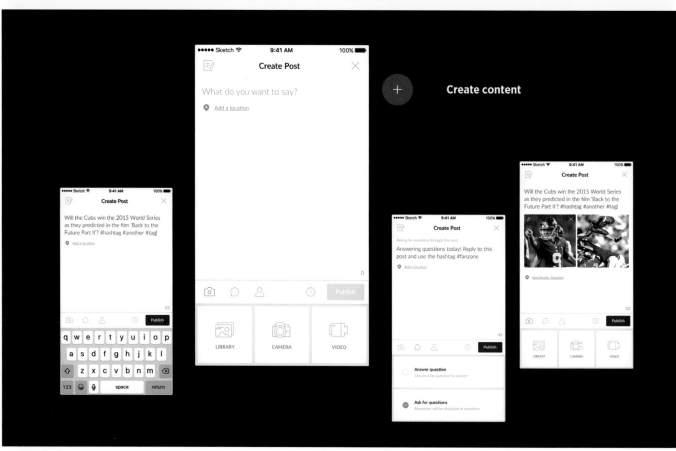

Create content

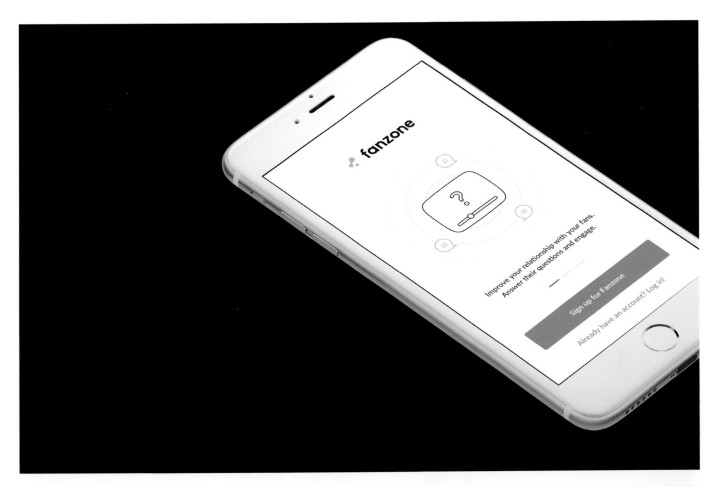

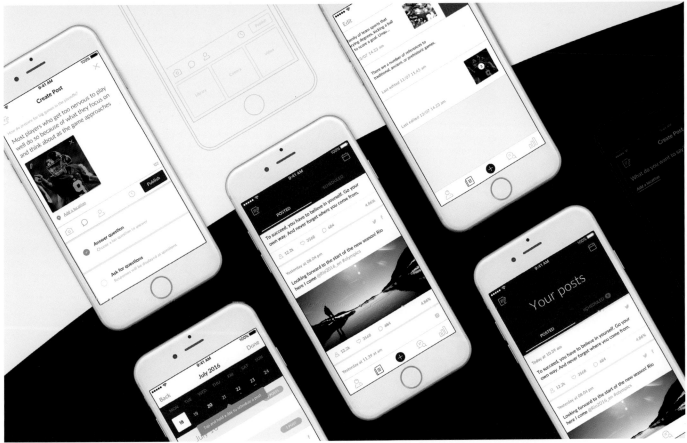

TEXT MATE APP

设计师：Fahad Basil   国家：阿拉伯联合酋长国

Text Mate 应用程序适用于短信息营销，用户可以极低的费用向世界各地发送短信，从而找到更多的客户，拓展市场。

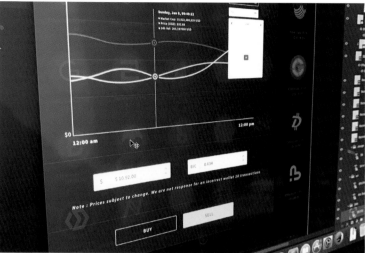

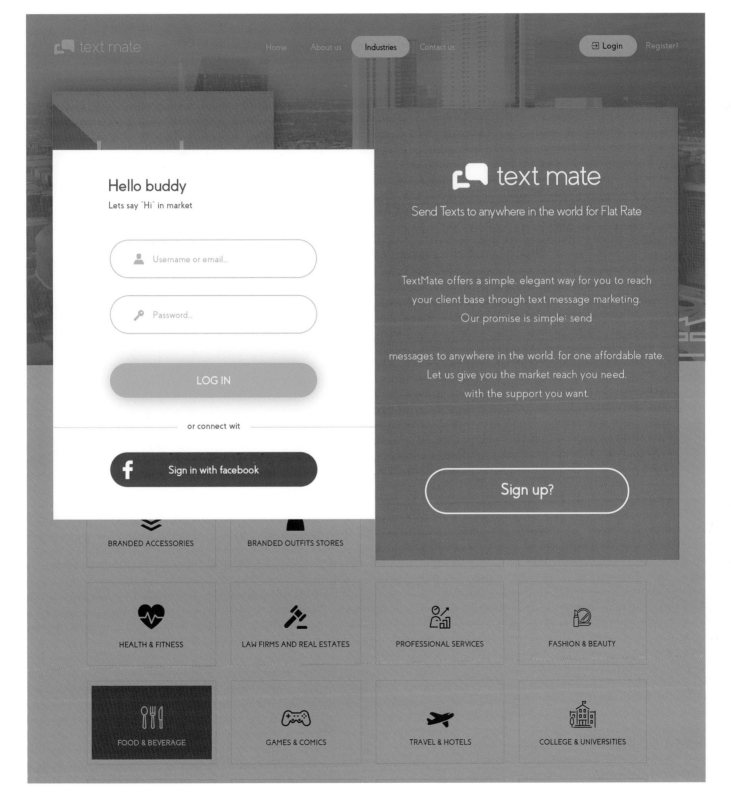

DESTINO DATING APP UI KIT

设计师：Nguyễn Hồng Hạnh　　　国家：越南

Destino 是专门为新式约会应用程序而设计的 UI Kit。它是一个匿名的约会应用程序模板，内置 60 多个 iOS 系统页面。用户可轻松使用 Photoshop、Adobe Xd 和 Sketch 等软件进行编辑。

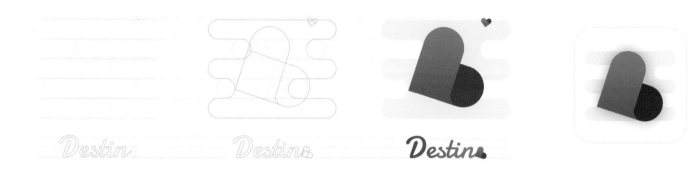

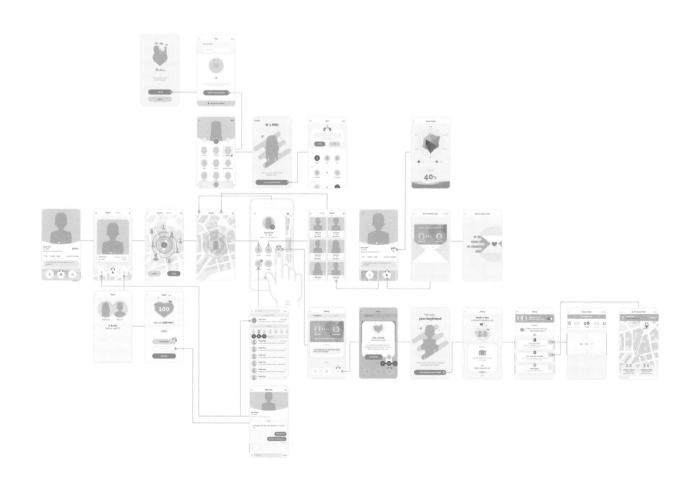

SHALLO APP

设计师：Mostafa Amharrar　　国家：摩洛哥

Shallo 是面向 iOS 移动设备而设计的应用程序用户界面模板，其界面干净整洁，配色令人感到舒适。

●●●○○ Carrier 📶　　1:20 PM　　　　➹ ✳ 100% 🔋

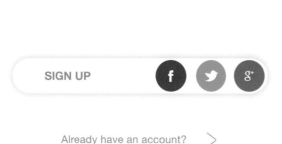

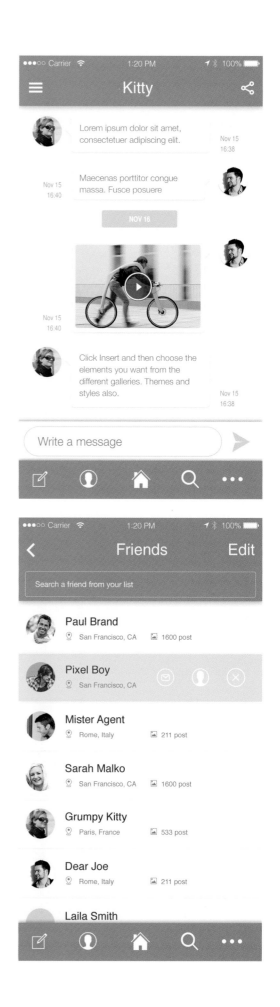

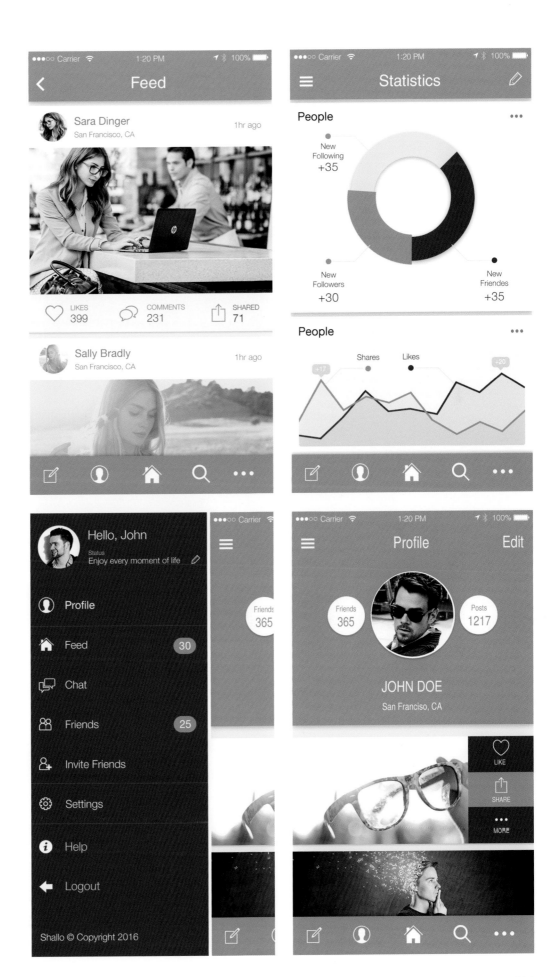

RECREATIONAL
休闲娱乐

移动设备的应用程序丰富了人们的生活，设计师该如何运用交互设计来满足用户的轻松休闲需求呢？

游戏
GAME

视听互动
AUDIOVISUAL INTERACTION

电子杂志
DIGITAL MAGAZINE

通过互动方式讲故事来获得知识

Fabian Gampp
德国
多学科设计师

我们在此讨论的互动学习环境，是以良好有序的朗读方法为基础。这种教学方式在幼儿园和小学都很常见：老师经常会给一群孩子读故事。但是 Gundula's Stories 不一样的地方在于：它不仅能讲故事，而且还能把故事的场景同步地展示出来，让孩子参与其中。所有相关的一些零件还有技术细节都被藏在木乌龟身体里，这样就不会打扰小朋友和老师的互动。因此，才有可能创造一个魔幻世界，增添故事讲述的氛围，让小朋友更加投入。

讲故事的时候，充分调动小朋友的兴趣是非常重要的。在这个互动学习的环境中，这只木乌龟 Gundula 起到了非常重要的情感纽带作用，它将这个故事和小朋友们紧紧地联系起来。他们陪着这只小乌龟，踏上旅程去寻找新朋友。在路上，他们开始了解各个季节的特点，也开始认识各种各样的动物了。一路上，Gundula 必须解决各种问题，小朋友们也可以充分地用声音、动作参与其中。关掉投影，小朋友又可以把这只乌龟当作玩具，所以在日常生活中操作起来非常容易。

现在我们的孩子被一个数字化、科技元素无处不在的社会所包围。为了赶上这些变化，很多学校开始给他们的学生配备平板电脑，在教室里装上数控的黑板了。但是很多学习程序并不是特别贴合学生的需要，或者是在日常教学的过程中难以操作。如果过多地使用科技，往往又会扰乱学生和老师之间原有的亲密联系，因而会影响到教学体验。因此我们的责任在于：设计基于学生需要的软件、玩具和游戏，同时要充分考虑和结合它们的学习环境。经过深思熟虑的设计，应该能将孩子们和科技联系起来，不断激发灵感，调动他们的积极性，充分开发他们的创造力。

GUNDULA'S STORIES

设计师：Fabian Gampp

Gundula's Stories 是一个互动学习界面，它能让孩子们开心地学习知识，同时又能够锻炼他们的感官和运动技能。这个学习环境结合了传统的故事讲述手法，再加上新的科技，例如动作控制和声音识别等。这个故事主要为幼儿园和低年级的小朋友们设计，里面的人物是由木头做成的乌龟 (Gundula)，在乌龟身体里藏有一个运动感应器，配上一台投影仪，可以表演出栩栩如生的故事。同时，还给老师设计了一个平板电脑应用程序，让他们可以把故事读出来，控制故事的进度。

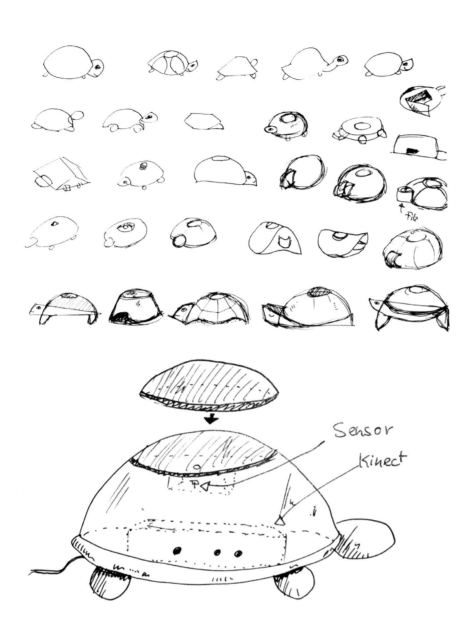

Sensor
Kinect

Der Sommer

Während Gundula durch die Blumenfelder und Wiesen läuft wird es immer heißer und heißer. „Wenn es so heiß ist, muss es wohl schon Sommer geworden sein." denkt Gundula. Auf einmal hört sie ein lautes Summen. „Kinder, wisst ihr vielleicht was das für ein Summen ist?"

Auf einer Sonnenblume direkt über Gundula sitzt eine kleine Biene. „Hallo Biene, ist das nicht ein wunderschöner Tag heute!" sagt Gundula fröhlich. Die Biene antwortet: „Ja, das Wetter ist schön aber ich bin traurig. Ich habe mich heute Morgen verflogen, als ich Nektar suchen wollte. Und jetzt finde ich nicht mehr nach Hause. Die Anderen vermissen mich bestimmt schon. Kannst du mir vielleicht helfen, wieder zurück nach Hause zu finden?"

Gundula überlegt ein bischen und sagt: „Ja, gerne ich kann es versuchen. Vielleicht siehst du von da oben ja auch, ob sich zwischen den Sonnenblumen eine Schildkröte versteckt. Gundula sagt zu den Kindern: „Lasst uns versuchen, der Biene den Heimweg zu zeigen."

Interaktion Bewegung: Folge der gestrichelten Linie um die Biene nach Hause zu bringen.

Die vier Jahreszeiten

Der Frühling

Auf ihrem Weg bemerkt Gundula, wie das Gras immer grüner wird und die Vögel in den verschiedensten Tonarten zu singen beginnen. „Das muss der Frühling sein, so schön ist nur der Frühling", denkt Gundula. Nachdem Sie eine Weile unterwegs ist, kommt sie an einen Teich. Gundula schaut sich um, ob sie eine andere Schildkröte entdeckt. Aber dort sitzt nur ein kleiner Frosch, der aufgeregt auf und ab hüpft. „Hallo kleiner Frosch, wie geht es dir?" fragt Gundula. „Nicht so gut", erwidert der Frosch traurig. „Es ist jetzt schon so lange Frühling, aber es hat noch kein bisschen geregnet. Schau, der Teich, er ist fast ausgetrocknet. Wenn so wenig Wasser darin ist, kann ich dort mit meinen kleinen Kaulquappen nicht leben. Auch die Blumen scheinen immer noch zu schlafen, obwohl sie schon längst aus dem Boden hätten kommen müssen. Gundula, kannst du mir vielleicht helfen?" Gundula antwortet zögerlich: „Ohje, ich weiß nicht ob ich das schaffe, aber vielleicht können dir meine

Hilfe dem Frosch regen zu machen indem du auf das Zauberlicht stehst und mit deiner Hand die Wolke über die Blumen ziehst.

Die vier Jahreszeiten

当交互遇到家具

斯肯互动
中国
体验设计咨询公司

未来的交互，能让顾客体验更优化的虚拟家具旗舰店

未来的科技生活将和交互设计息息相关，交互设计也会融合更多 VR 和 3D 技术。"如何在有限的实体门店里尽可能地展示更多的产品。"在这样一个客户需求上发掘交互展示的可能性，在 iPad 的方寸之地上，用三维图像与交互语言打造一个数字化的产品旗舰店。将虚拟体验与实体商业结合，有更大的能力去重新定义和优化商业战略。

三维场景化的体验为消费者带来前所未有的代入感。更让家具成为家的一个成员，而不是一件死物，构建一个与家沟通的环境，让家具销售不只是在卖家具，更是在卖一种生活方式。交互设计从改变传统的单向信息传递方式来着手，让顾客主动地去了解、接触信息，让门店销售和顾客有了一种新的沟通方式。在场景化交互过程里，打破销售过程中的沟通障碍。

交互与趣味性让产品和理念为更多人熟知

家具是一件作品，每件好产品都在概念、想象力和个体气质上独具魅力。家具设计师赋予这件作品的潜台词，应该通过什么方式直接传达给消费者？

交互的本身是一场用户与产品之间对话，用户通过移动设备的可运用性，如重力感应、触控、手势等模拟现实的触感，进一步了解产品。运用动态图像，将设计师隐晦又难以直观表达的设计理念分解、打散，将无形的概念转化为有形的体验，重组成一个个超越现实的视觉体验及有趣的游戏，形意合一。让用户在摸得到材质、拆得开的结构、参与其中的产品里获取对事物的感知，从而延展自己丰富的想象力。同时，感受产品外表看不见的价值，从而喜欢上它。在极具趣味性的交互过程中，让好产品为更多人熟知。

掌上曲美 APP

设计工作室：斯肯互动

掌上曲美应用首创全 3D 展示，提供品质家居生活灵感源泉。该应用程序能提供真实的 3D 样本空间，满足用户足不出户即可自由逛赏的快感，从中寻找理想的家居布局设计。界面中的 3D 家具还能被 720° 旋转，有助于用户寻找合意的家具单品。

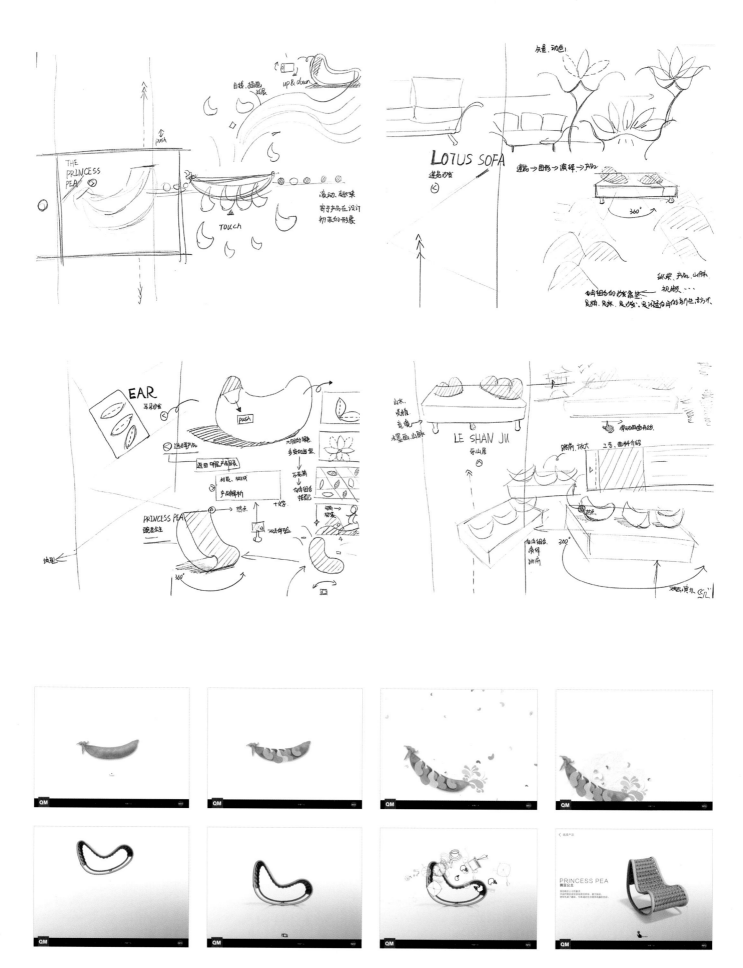

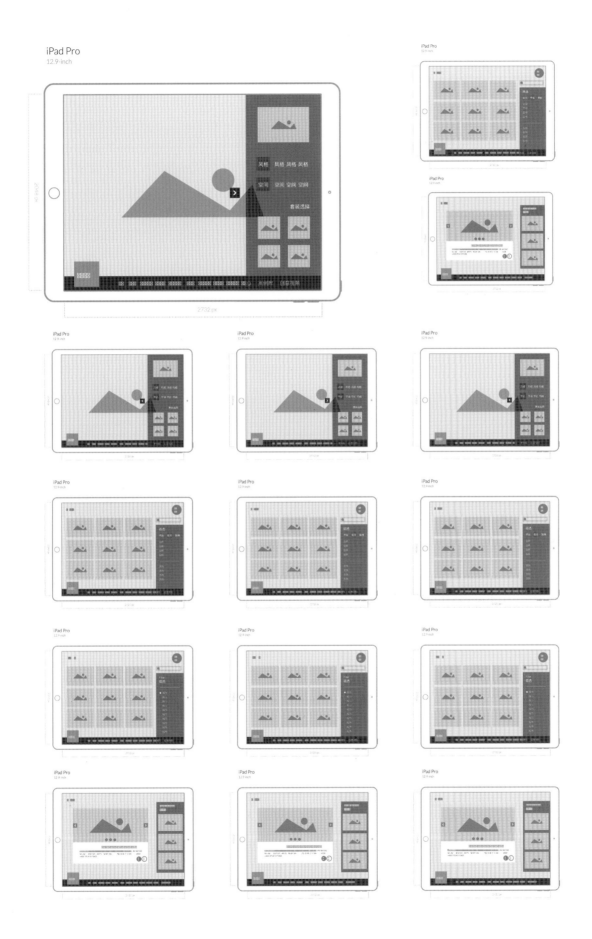

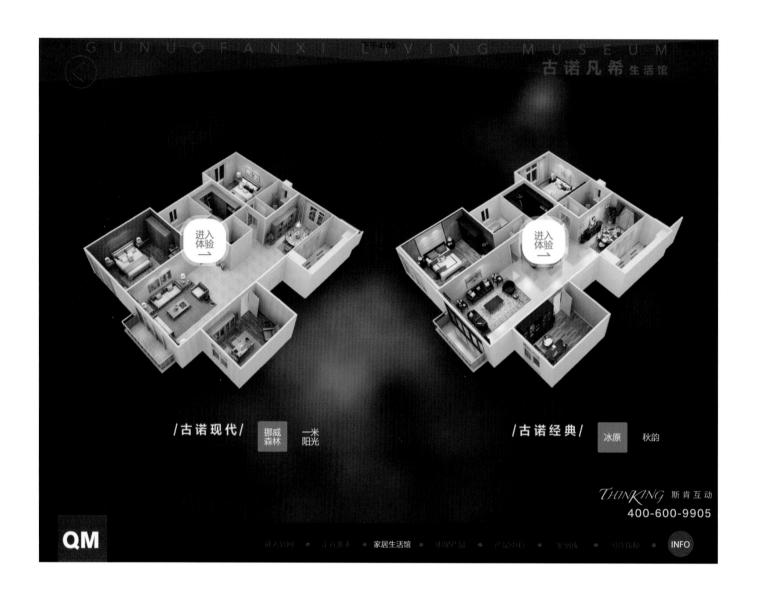

FEELOO APP

设计师：Dubosquet Sebastien   国家：法国

Feeloo 是一款老少皆宜的游戏应用，共设置有 30 道关卡。游戏画面优美，背景音乐可爱有趣，是玩家休闲娱乐的不二之选。

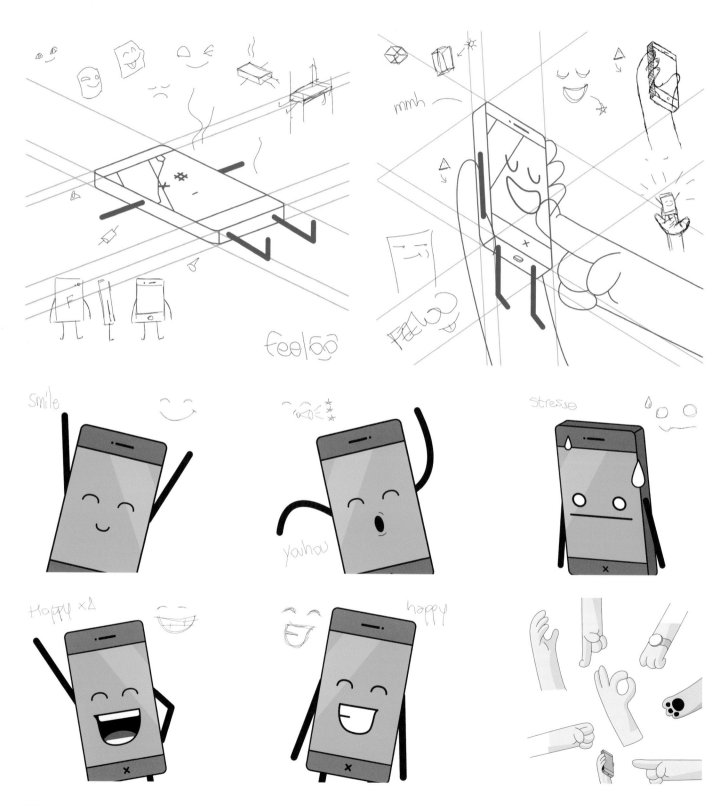

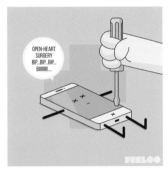

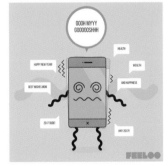

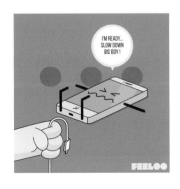

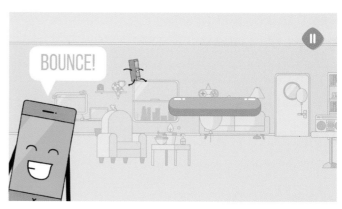

Speeder 是一款休闲小游戏。玩家将驾驶太空飞船航行，他们需躲避不同的障碍物并尽可能地收集更多宝石。用户可以解锁不同的关卡，并选择不同的飞船来执行任务。

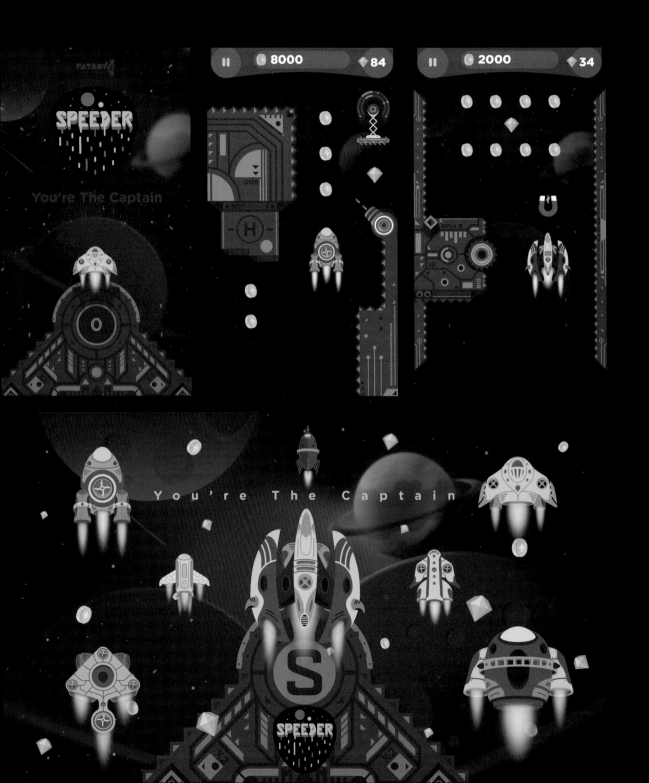

SWAT CRAFT

AIR CRAFT

TIRO CRAFT

STINGRAYS CRAFT

HAWK CRAFT

BAZOOKA CRAFT

DRONE CRAFT

HOWER CRAFT

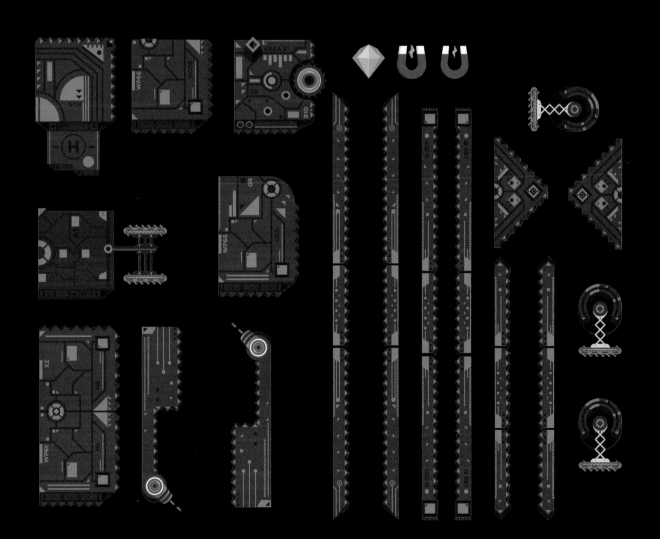

RACCOO APP

设计师：Inkration Studio　　　　国家：英国

Raccoo 是一款为游戏迷打造的游戏。游戏氛围大气，主题故事围绕有关夜行动物在亚马逊丛林里会遇到的各种困难展开。主人公为了到达目的地，会在途中历经重重难关。游戏的独特之处在于气氛表达，以及通过阴影的相互作用和发光点的设置来凸显细节。

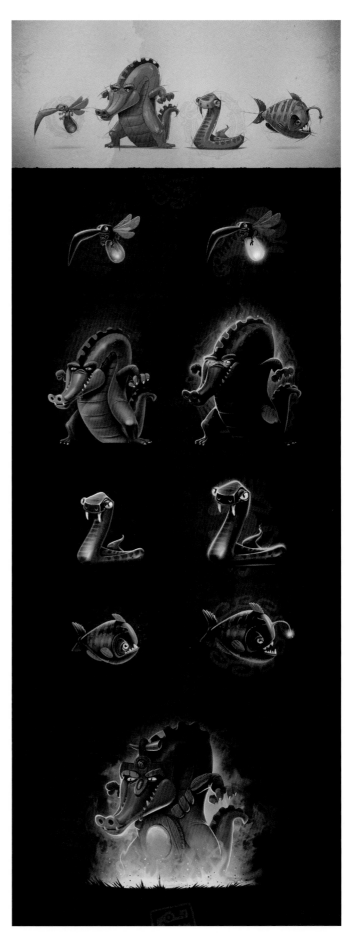

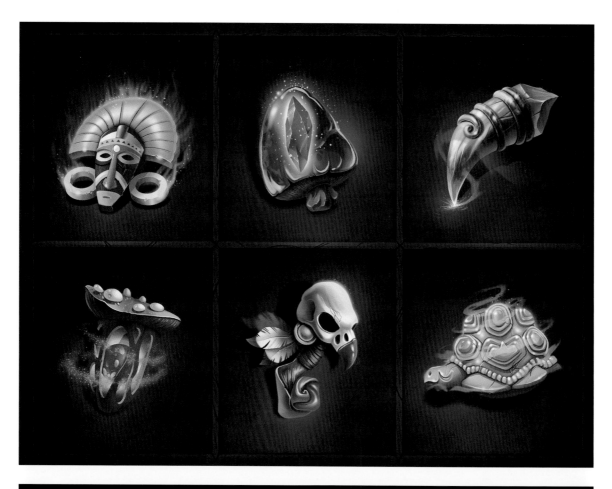

TWIST THE GEAR APP

设计师：Inkration Studio　　国家：英国

这是一款新颖的老虎机游戏，设计师以游戏角色 Garold 教授发明了新能源为游戏故事的开端，反派角色 Spike 得知之后想去进行偷盗，为了防止坏人得逞，Garold 教授制造了机器人去阻挡 Spike，并由此展开了游戏的主线剧情。除了传统标准的老虎机游戏规则，还加上了别的附加关卡，玩家要收集机器人的零部件才能通关，有趣的美术画面和额外的小游戏都使这款游戏与众不同。

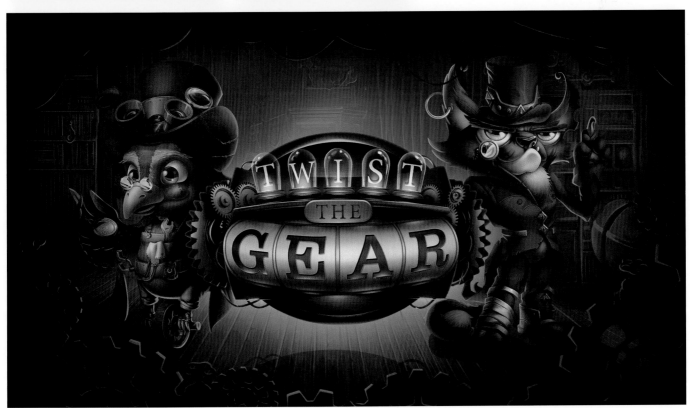

A BEAR'S-EYE VIEW OF YELLOWSTONE HTML5

设计师：Andreas Anderskou　　　客户：《美国国家地理杂志》　　　国家：美国

设计以熊的视角为主，让观赏者跟随这四只熊的步伐，去探究黄石公园的心腹之地。这一开创性的研究，将相机固定在熊的身上，让我们有机会看到最可怕的野兽眼中的动物王国。

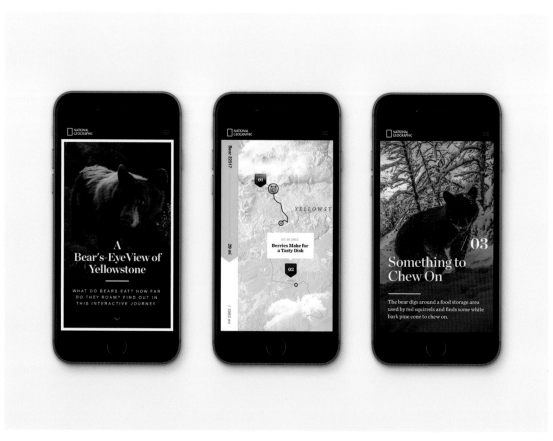

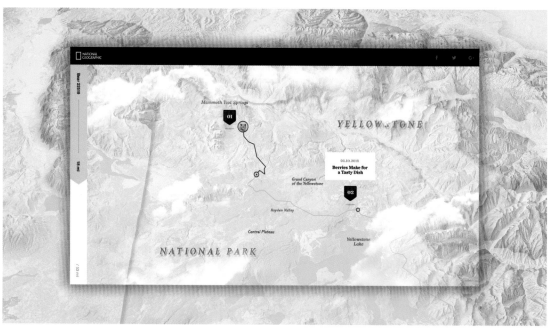

Bear loader walk-cycle
Black

00:00:00:00

Bear loader walk-cycle
White

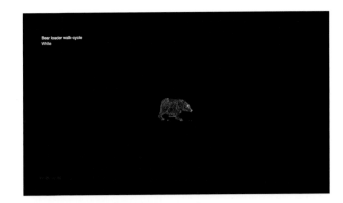

Bear loader walk-cycle
Walk cycle key frames

Keys **01**   02   03   **04**   05   06   **07**   08   09   **10**

National Geographic
Illustration board

交互设计随着科技的进步而发展

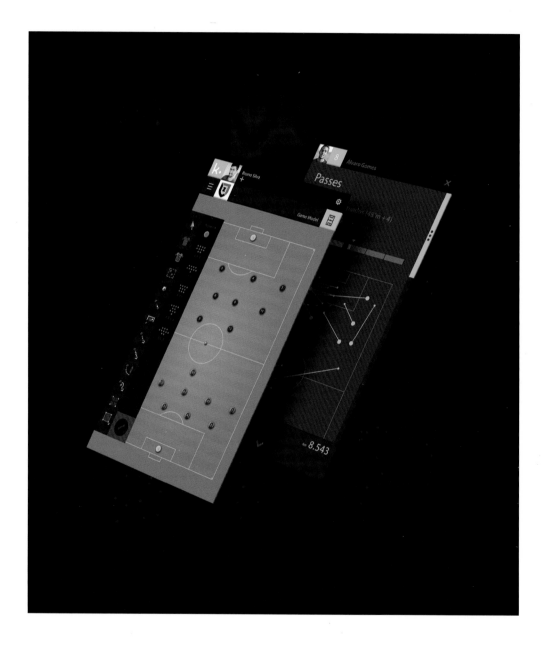

Bruno Miguel Silva
葡萄牙
艺术总监

为了得到更好的交互设计，设计师需要从人性化的角度去理解用户，这是交互设计的关键所在。用户心理和情绪等信息非常重要，因为根据这些数据，设计师有了更深入的理解才能做出更好的选择与决定。当服务/产品与用户之间的联系越是和谐与融洽，他们就会越觉得这个服务/产品好用。

理解用户的动机、弱点，然后通过技术协助打造交互作用，经过思考与理解后制作的内容对用户才是有意义的。情感联系有助于人机之间形成更有效的交互和更宽容的关系。设计师必须理解现实生活中的用户行为和用户关系，从日常生活入手，了解他们的喜好等。得到这些信息可以帮助设计师设计出界面自然熟悉且易上手的交互模型。通过这种研究，可以更容易地构建交际模式。

人与人之间最好的交流永远都是发生在聊共同话题的时候，人们识别事物时也会产生互动。人与人之间、人机之间的沟通也是按这种方式来进行的，有越多共同点才越能进行更好的互动交流。

在未来，我们能够操纵许多虚拟现实以及做大量实践。交互设计处于新兴阶段，而且将会是一个十分有趣的设计领域。我还希望在不久的将来能看到苹果公司研发的系统，在交互设计领域中有更多的进步。

交互设计的发展是一个革新和学习的过程，总是依赖不断发展的媒体和科技，用户们还需要拥有科技和交互生活的知识。设计师必须要牢记，交互必须要贴近用户的知识水平，让用户慢慢学会使用且没有任何不适。因此查看用户反馈消息非常重要，这些反馈可以使交互设计向更好的方向发展。

交互设计的目标就是用最正确的经验服务用户，尽可能用最有效且舒适的方式帮助用户理解交互设计页面。

TATIK APP

设计师：Bruno Miguel Silva

这是一款为足球而设计的社交网络应用，它可以创建和管理足球俱乐部，可以帮助教练对比赛进行全局的掌控。应用设置有管理、分析、侦察、模拟比赛、跟踪系统和培训系统等主要功能板块。

这款专业社交软件有特别的应用框架，是为专业选手、业余选手、俱乐部、球迷、体育新闻和记者报道而设计的，满足每种用户的需求，为观球粉丝们提供有活力和令人兴奋的娱乐消遣。

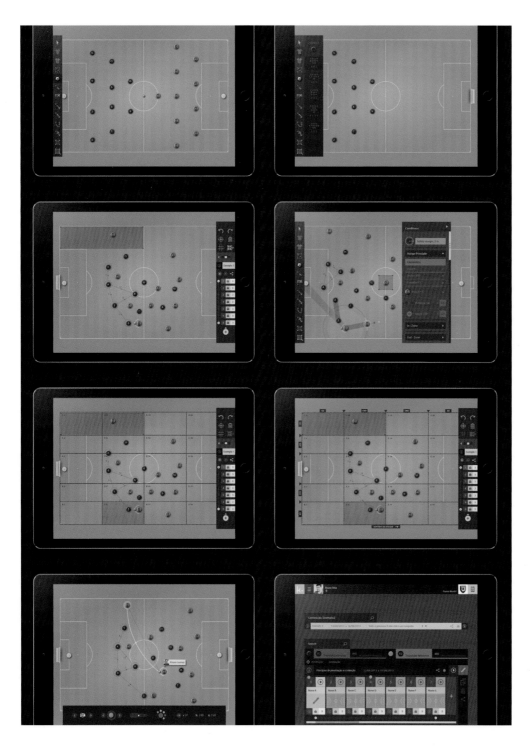

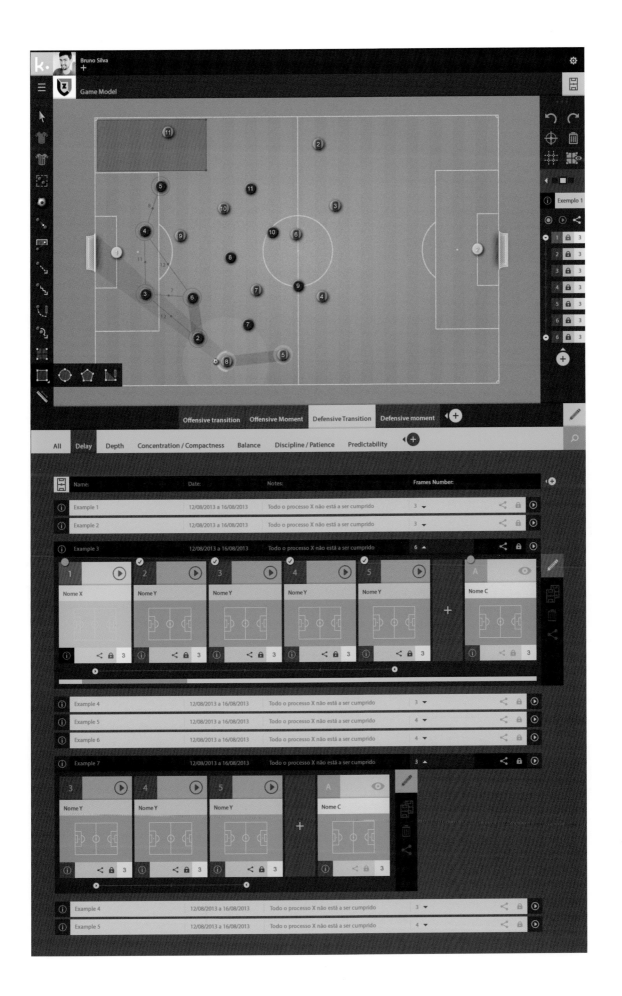

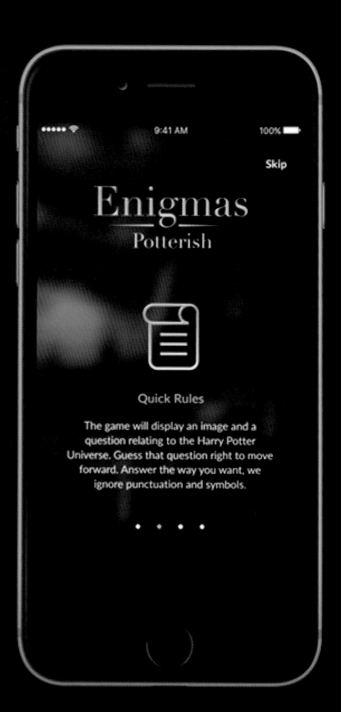

ENIGMAS POTTERISH APP

设计师：Victor Berbel

Enigmas Potterish 是一款限时问答游戏应用。每个问答挑战都有计时器在界面顶端，如果用户在最短的时间内通过最多挑战的话，总排名则越高。这款游戏有三种语言：葡萄牙语、英语和西班牙语。用户每天只能挑战 3 次，所以这是为真的哈利·波特迷而量身设计的。

Enigmas
Potterish

Skip

Time

You can play up to 3 challenges a day.
The timer resets at midnight Hogwarts time.

(That's London time for Muggles)

• • • • •

Enigmas
Potterish

Let's get started!

A quick reminder, if the challenge it's too
dificult, press the tip button.

Sign Up	Sign In

• • • •

Before   After

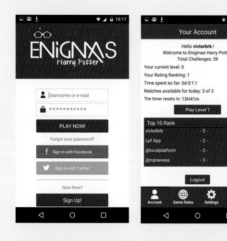
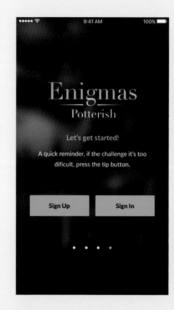
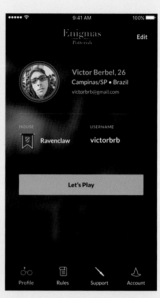

Profile

Rules

Support

Account

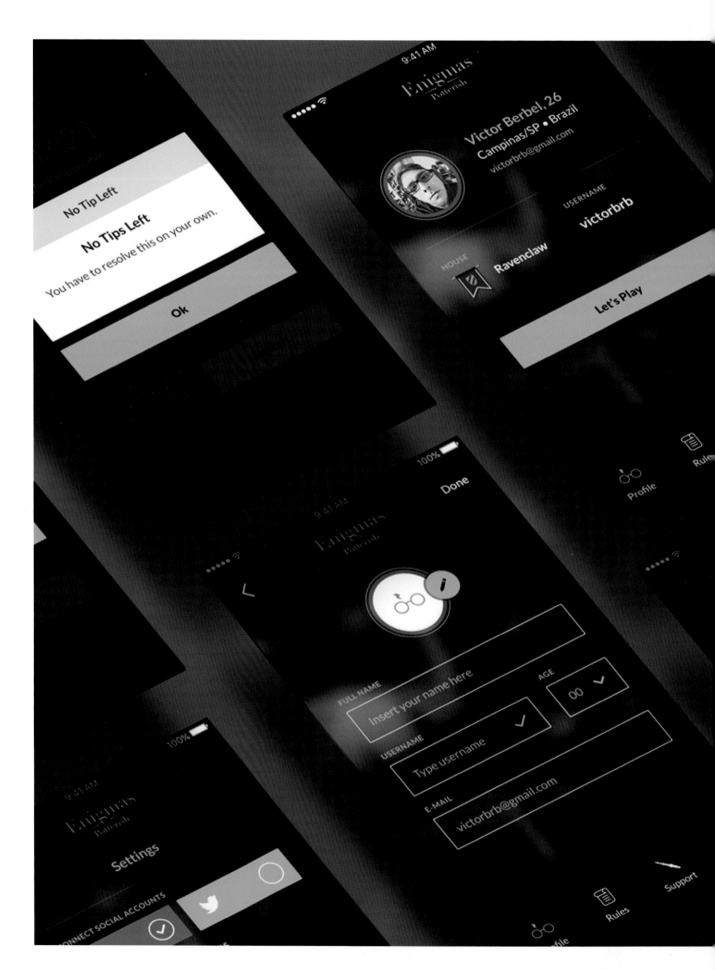

Profile

Rules

Support

Account

100%

Level 1

TIMER
0:03:21
The Responsible

Pete & Anne

Type your answer here

3

Tips

Submit

Support

Account

100%

Level 1

Remember

When you start this level the timer will
not stop until you guess the right answer.

Cancel

Ok

Ok

100%

BALLOONS IN THE SKY APP

设计师：Anna Zwolińska　　国家：英国

Balloons in the Sky 是一款趣味十足的小游戏。游戏画面优美，色彩明丽。游戏易于上手，内置多个场景及关卡，适合不同年龄的用户。

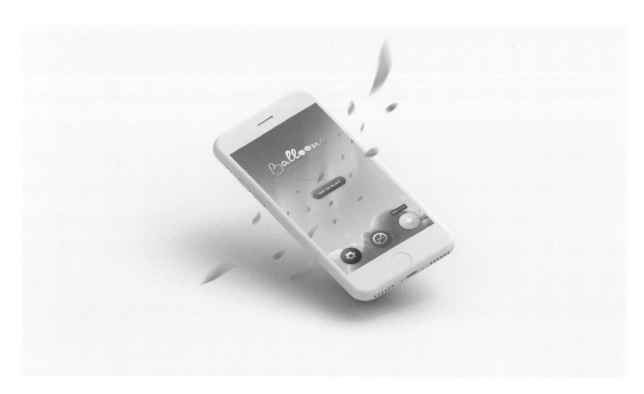

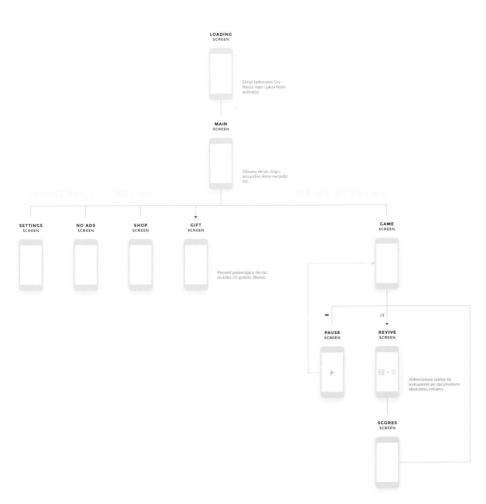

LOADING
SCREEN

Ekran ładowania Gry.
Nasze logo i jakaś fajna
animacja

MAIN
SCREEN

Główny ekran. Logo,
wszystkie ikony narzędzi
etc.

SETTINGS
SCREEN

NO ADS
SCREEN

SHOP
SCREEN

GIFT
SCREEN

Prezent pojawiający się raz
na kilka (X) godzin. (Ikona)

GAME
SCREEN

∞

×1

PAUSE
SCREEN

REVIVE
SCREEN

Jednorazowa szansa na
wykupienie po opcjonalnym
obejrzeniu reklamy.

SCORES
SCREEN

FALLEN STAR FM APP

设计师：Dmitriy Zhernovnikov　　　国家：乌克兰

这款应用专为收音机的爱好者设计。用户可以聆听音乐，添加喜爱的广播电台、歌曲并和朋友分享。此外，用户还可以用它来收听新闻。

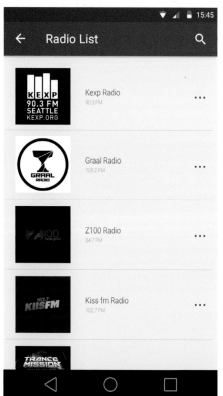

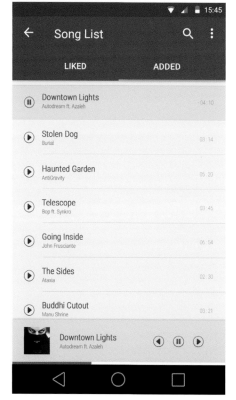

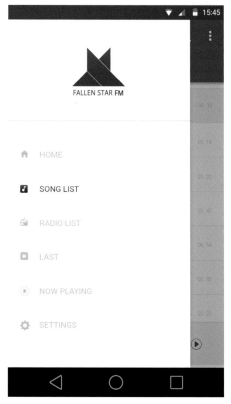

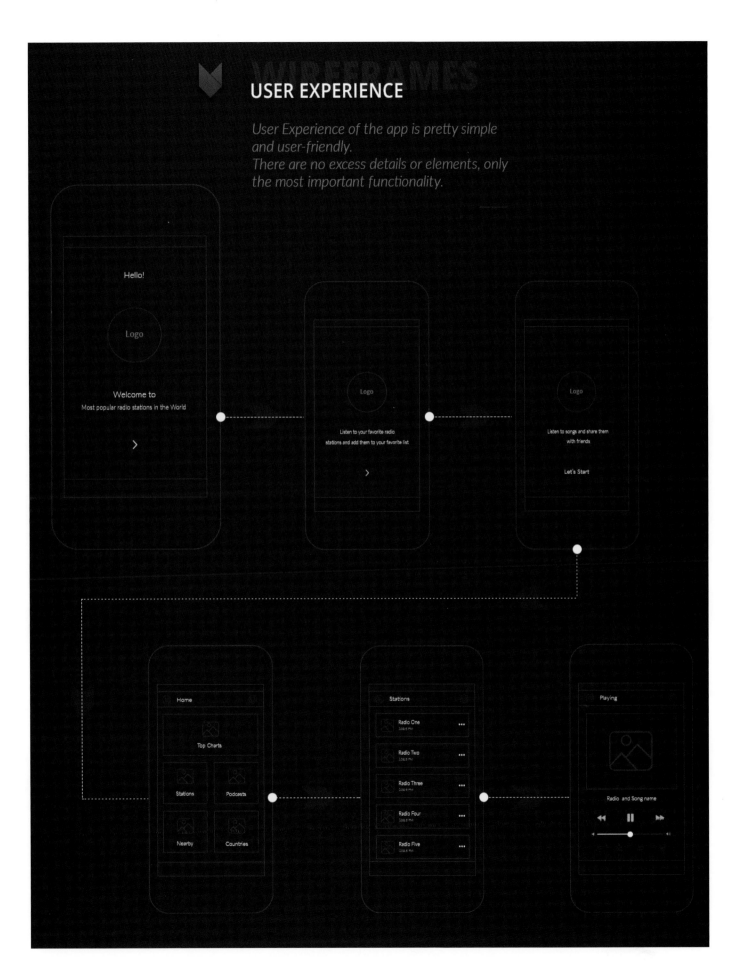

USER EXPERIENCE

User Experience of the app is pretty simple and user-friendly.
There are no excess details or elements, only the most important functionality.

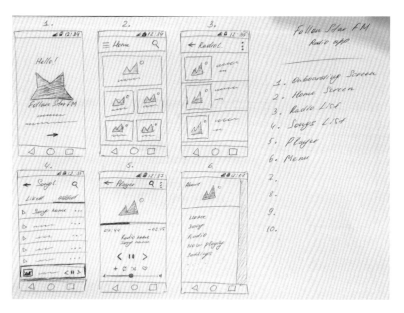

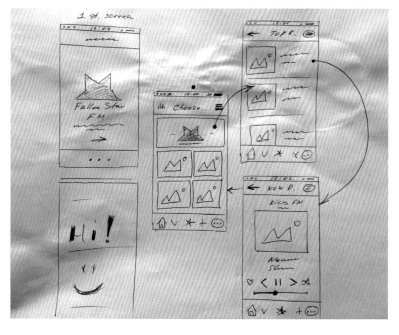

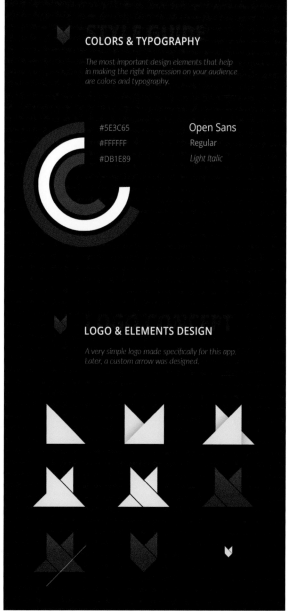

COLORS & TYPOGRAPHY

The most important design elements that help in making the right impression on your audience are colors and typography.

#5E3C65   **Open Sans**

#FFFFFF   Regular

#DB1E89   *Light Italic*

LOGO & ELEMENTS DESIGN

A very simple logo made specifically for this app. Later, a custom arrow was designed.

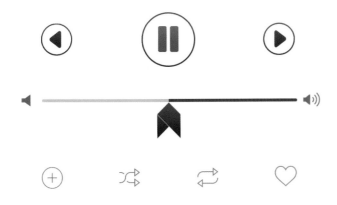

FALLEN STAR FM

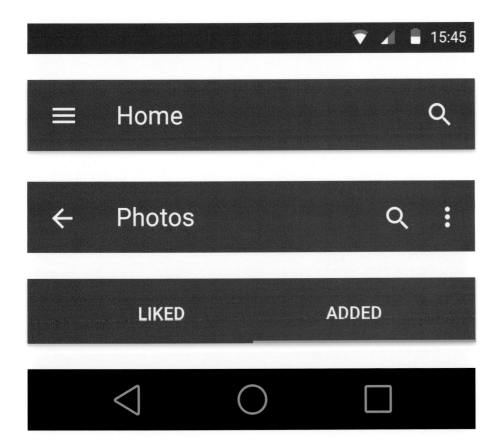

如何运用交互设计去提高界面登录页的用户参与度

每一个登录页的设计都有其独特的价值，它是让浏览者能欣赏网站的交互运转，如注册、购买和订阅等。如果浏览者点击了你的网站，却没有与网站发生任何交互行为，那就说明你的网站对于浏览者来说并没有价值，或是没有带来任何作用。

用户参与度是转化率（用户期望行为的百分率）。因此，尽管具有了商业价值，但也难以避免还有很多其他因素会影响网站的转化率，如内容结构、文案、网络性能、交互设计。

以下，我就视觉和交互设计的准则来谈谈如何提升网站的转化率：

1. 运用令人愉悦的视觉叙述：视觉叙述是一种能提高用户参与度的有效方法。所有人都知道一个故事会有三个部分：开始—发展—结束。一旦用户看了故事的开头，就想知道结尾是怎样的，叙述就运用了情感引导的方式去带领用户浏览页面不同内容。如图所示，你能看到视觉叙述如何引导用户持续滚动鼠标浏览完整个页面。

网站还希望用户能用电子邮件地址进行注册登录，所以交互设计可以让页面从一个有趣的提问开始，吸引用户一步步解答。网页的最后放一个反转的结尾，会给用户很深刻的印象。这个时候就适合向用户提出"行为召唤（Call-to-Action）"。这样的准则我也应用在自己设计的 MARS 登录页中。

Minh Pham
越南

2. 把网页横幅广告（banner）变成主人公：当用户点进网站的时候，主要的横幅广告是他们第一眼会看到的东西，用户们只会用 5 秒来考虑这个网站是否值得继续浏览。展示意义丰富的动画加上交互设置将会引导用户继续浏览网页。

以下这些主要的横幅广告就是运用这一准则，当鼠标滚动的时候，飞机会开始飞行，点击页面的话还会有飞向岛屿切换新画面，这样就促使用户继续浏览网页。

3. 运用动画来创造有意义的用户界面触觉反馈：反馈传达出所有交互的结果，使该结果既可视又易懂。用户界面触觉反馈是用于界面给用户以交互行为进行动作回应，网页给用户的反馈速度越快，用户就会浏览得越久。

如图所示，右边的视觉图案就是鼓励用户捐更多的东西：他们捐得越多，小熊得到的装备就更好。

4. 所有设计都是引导向 CTA（Call to Action）：CTA 是网站上的一个按钮或者是一个链接，为了引导潜在用户去点击，从而获取更多的用户资料。你的 CTA 按钮需要成为网站第一视觉层次里最优先考虑的部分。所有视觉设计和交互元素都要发挥作用去引导用户按下 CTA。

如图所示，这里的用户行为就是要通过苹果应用商店和谷歌应用商店下载应用程序，这个部分陈列了两个 CTA 按钮，下方的卡通形象就是为了引起用户的注意。

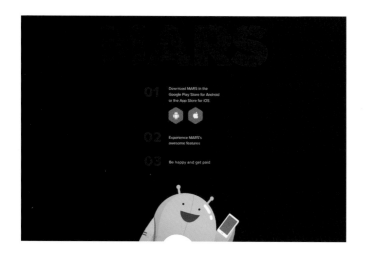

MARS APP

设计师：Minh Pham

MARS 是一款手机应用程序，界面里有个小机器人助手，可以帮助你从超过 30 000 个职位的巨大就业市场里快速找到一份心仪的工作。MARS 的设计就是为了提升速度，并以人工智能去帮助用户处理问题，这就意味着应用程序不仅可以"自主学习"，你还可以和聪明的它进行沟通对话。

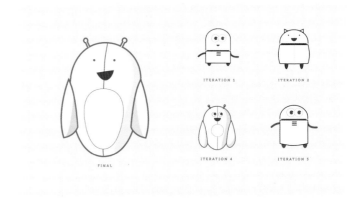

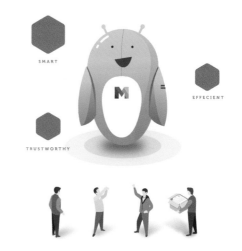

MARS

 Blue Purple Pink

HEADER TYPEFACE

Abcd123

Museo

BOLD

ABCDEFGHILKMLNOPQRSTUVWXYZ
abcdefghilkmlnopqrstuvwxyz
1234567890@#$%&^()

BODY TYPEFACE

Abcd123

Proxima Nova

REGULAR

ABCDEFGHILKMLNOPQRSTUVWXYZ
abcdefghilkmlnopqrstuvwxyz
1234567890@#$%&^()

BOLD

ABCDEFGHILKMLNOPQRSTUVWXYZ
abcdefghilkmlnopqrstuvwxyz
1234567890@#$%&^()

MARS　　　　　Contact　　Get started

What if you have your own job assistant who takes care of seeking the right job for you?

Get started

The problem

Problem 1
Problem 2
Problem 3

Illustrations about the current job seeking problems

The idea

In 2015 MARS started with one smart guy that asked other smart guy asked a question. The question: "If you look at today, how would you have to find a job?" A group of enthusiasts and a group of large investors shared the same vision. In a few days, one of those enthusiasts used more 200 A4 pages to outline the skeleton of what is now MARS.

The foundation

A large group of bright minds have made MARS. One of the founders has working experience on behalf of Google and managed to capture something of the mystery ingredient which makes their products as good and useful as they are, and applied it to MARS.

The Technology

The MARS technology is very special and has never been used before in this way. MARS uses artificial intelligence and machine learning systems which means it is so smart that you can have a conversation with. Our engineers designed it for speed and made easy to use for any age.

The product

giant marketplace for jobs where you replace the agency, recruiters or intermediaries by yourself This means that you can have direct contact with the employer and get your job

A smart app that takes care of everything from the moment you start working with your employer MARS arranges everything for your job.

MARS's technology is exceptional. Believe us, you can talk to the MARS app as if it's human. You too can do this. Simple.

The Mission

Everyone, young and old can use MARS to get to where they want to be. At this growing rate, in 2019, we'll have 1 million users.

We want you to see us as often as possible. In the streets, on TV, in the media and online, and we ask you to be our ambassador. How? Not by selling fried air. But just by showing our app to someone else.

Get rid of that agency, recruiters or intermediaries. Do it yourself, use MARS.

1 Download MARS in the Google Play Store for Android or the App Store for iOS

2 Experience and use MARS

3 Have contact with employers and take that job

4 Get Paid

Available on the App Store　　Google play

MONSTA MOOVE APP

设计师：Yu-Jia Huang　　　国家：中国

Monsta Moove 是一款能激励用户养成一种健康生活方式的探险游戏。小训练员 Moo 和 Moe 会在你久坐太久需要运动时给你发送提醒，并给你示范 30 秒至 1 分钟之内可完成的小练习。你的身体运动会以有趣的任务显示在屏幕中，如：捡蘑菇、深海寻宝和在云海飞翔等。每个 Monsta 均是根据身体太久不运动而表现出来的症状而设计，包括眼睛疲劳、体重增加、血液循环不畅通、忧郁等。当用户身体运动时，Monsta 也会慢慢好起来。

 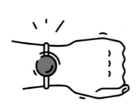  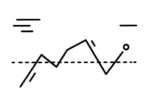

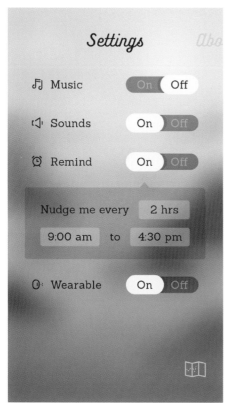

JAPODIAN ECHOES APP

设计师：Adi Dizdarević　　　国家：波斯尼亚和黑塞哥维那

Japodian Echoes 是一款视听交互作品，它在 Japodes 部落（一个灭绝的巴尔干半岛部落）的丰富历史的基础上设计而成。Japodes 部落的故事被重新融入现代风格，作品通过图像、可视化装置和交互设置来丰富观众的想象力。

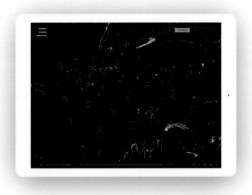

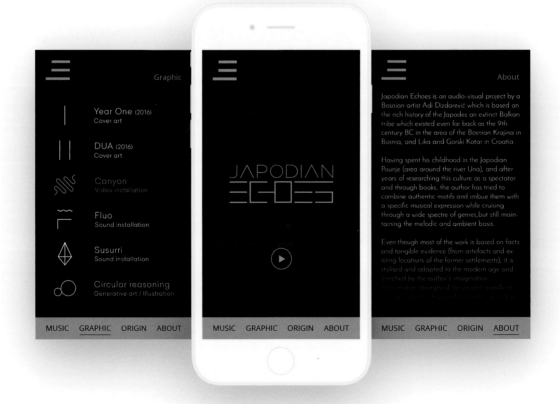

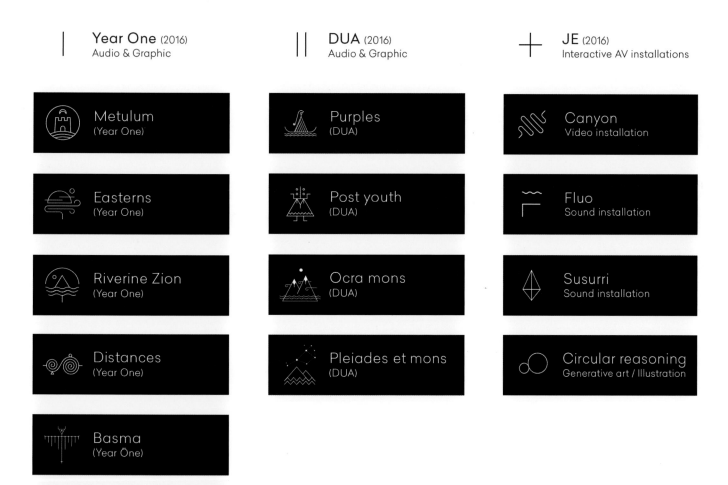

| Year One (2016) | DUA (2016) | JE (2016) |
| Audio & Graphic | Audio & Graphic | Interactive AV installations |

Year One

Metulum
(Year One)

Easterns
(Year One)

Riverine Zion
(Year One)

Distances
(Year One)

Basma
(Year One)

Flora 2.0
(Year One)

DUA

Purples
(DUA)

Post youth
(DUA)

Ocra mons
(DUA)

Pleiades et mons
(DUA)

JE

Canyon
Video installation

Fluo
Sound installation

Susurri
Sound installation

Circular reasoning
Generative art / Illustration

下一代的用户界面技术

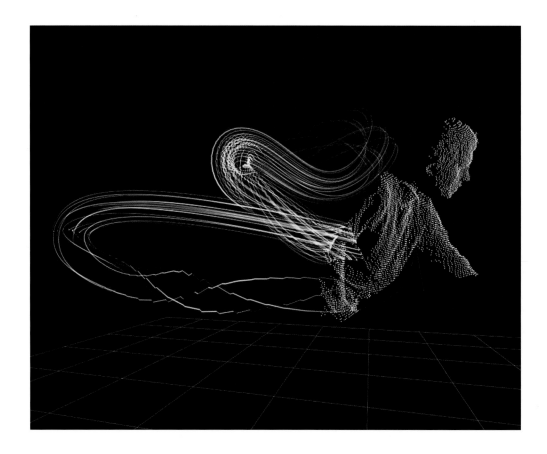

Jean-Christophe Naour
法国
三星电子高级交互设计师

在如今的社会环境下，一个设计师必须理解互动设计的相关知识，才可能设计出使用流畅、感觉真实的用户体验。为了将产品和它们的使用者联系起来，我们要创造性地结合科技和故事讲述来做设计，其细节便是决定互动设计成败的关键点。

设计本身不应该只是追求美感或者是实用性，它还应该充分考虑到它在使用过程中会造成的心理影响。同样道理，互动设计也不应该仅仅是关注视觉表面，它应该考虑用户会如何与之互动，如何控制产品本身。如果说用户界面靠的是外观的话，那互动设计的成功靠的就是"感觉"了。好的互动设计，应该会影响到用户与产品的交流方式。然而，优秀的互动设计影响的应该是人与他们周围环境的关系。

我的作品往往是设计和编码的融合，因为我相信二者的结合使用能产生不一样的化学效果。确实，当我尝试新的图像元素和互动设计的时候，数字计算的规则和演算法，能够帮助我实现一系列特殊的图案和设计，这是我徒手做不出来的。合成生成的办法能让人实现很多点子，也许你可以把演算法比作基因编码，它就好像自然的 DNA 一样，产生了一系列不同的，不可预知的结果，但是我们都知道这正是我们想要的创意。今天，在艺术和设计方面，这种生成办法是我们创意表现的最好方法，当然它也是实现创意电子，打造创意产品的最好方法。

最近，我们见证了一些令人惊叹的新科技不断产生，进入互动设计领域。短短几年时间，科技和互动平面早已今非昔比了，随着它们剧变，我们进入了一个界面设计高度实体化、有形化、触觉化的时代。所有这些都在改变"设计空间"的定义。要是前几年，只要我们谈起互动，总是离不开平面投影互动和包含键盘、光标等互动元素的电脑界面。而现在呢，在谈这个问题的时候，我们总会问：1. 什么样的界面呢？是电脑？移动设备？投射设备？嵌入式设备？ 2. 什么样的互动目的？是触目？声音互动？还是动作控制？互动设计更不会轻松到哪里去。不过，相对应的各种自由度也越来越宽阔，在设计时设计师的选择也越来越多了。在面对这么多问题的时候，唯一的选择就是把这个任务当作是一个跨学科的问题对待。互动设计不会再像过去的事物一样，一个视角的发现是无法解决问题的。

在日常生活中我们可以同时使用几种感官，令人烦恼的是在数字生活中，我们却仅仅限于其中一两种的使用。但是，下一代的界面设计，应该充分地利用复杂的人体结构和功能，这样才是多元互动设计应该达到的目的。在自然沟通的时候，我们可能同步可以使用声音、动作，或者是其他的方式。但是，若是要达到超越这之外的沟通方式，我们需要新的方法，跨越传统界面的限制——桌面、图标、菜单之类的设置。尽管现在的研究还没有给我们提供强有力的解决方案，但是可以确定的是多元互动方式在将来，一定会是一股新潮流。

KINECT GRAFFITI™ APP

设计师：Jean-Christophe Naour

Kinect Graffiti™ 是一个电子涂鸦工具，它使用的工具是微软的"Kinect"摄像头。这个项目的目的是想用 Kinect 捕捉到涂鸦背后的动态——涂鸦过程中人体和笔迹的走向，从不同角度实时地反映出周围的空间，定格某一个时间，甚至是更多的功能。它想要体现的是人体的整个动态，并从彩色的涂鸦线条中获得人体动态之美，或者我们也可以称之为"光线绘画"。

+ MENU

50   LENGTH   28.00   WIDTH   2   SLICES   200   SEGMENT
3   TEXTURE   1   TEXTURE_A   1   TEXTURE_R   2   POINTS

POINTCLOUD   SKELETON   PAUSE   LINE   TRACE   CAMERA   RIBBON   WIREFRAME   MOUSE   VCAM

0.00   FRAMECOUNT   10   GRID   -2000.00   PCAM

P1   P2   P3   P4   P5

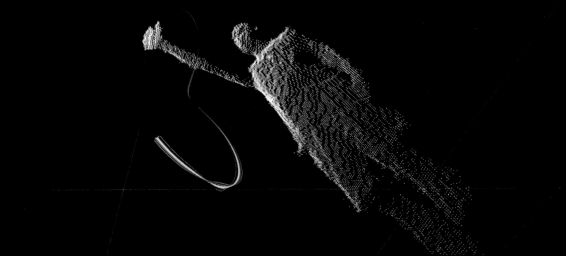

29.876553
MODE : CLOUD

P   M   S1   S2

P0   POINT_CLOUD   50   LENGTH   0.50   FRAMECOUNT

P1   M_MOUSE   28.00   WIDTH   10   GRID

P2   M_SKELETON   2   SLICES   4   POINTS

P3   BOTH   200   SEGMENT   -1400.00   PCAM

P4   L_TRACE   9   TEXTURE

P5   L_BRUSH   3   TEXTURE_A

INIT   L_RIBBON   1   TEXTURE_R

L_WIREFRAME

VCAM

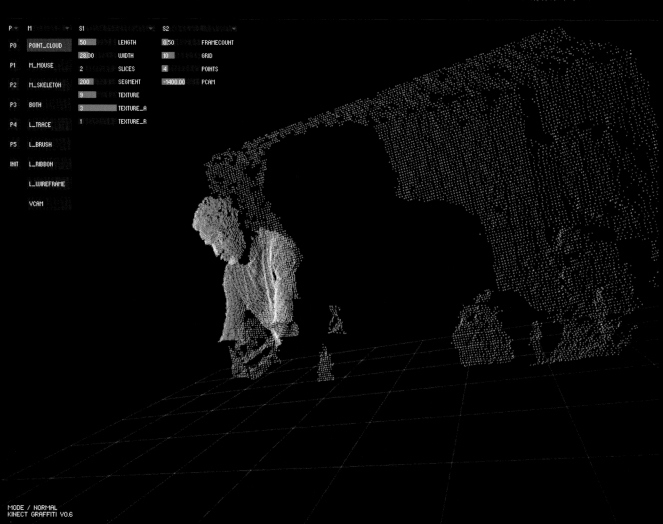

MODE / NORMAL
KINECT GRAFFITI V0.6

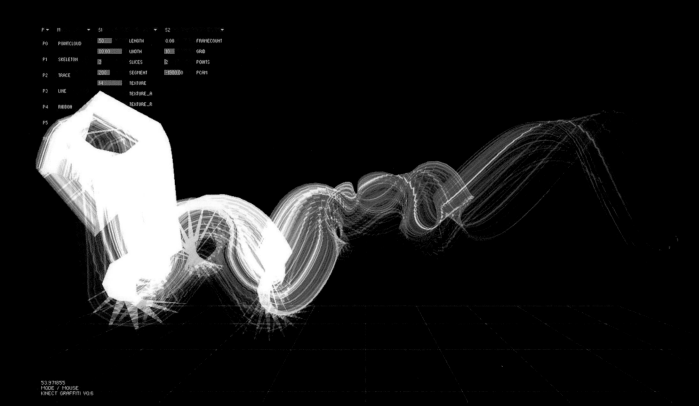

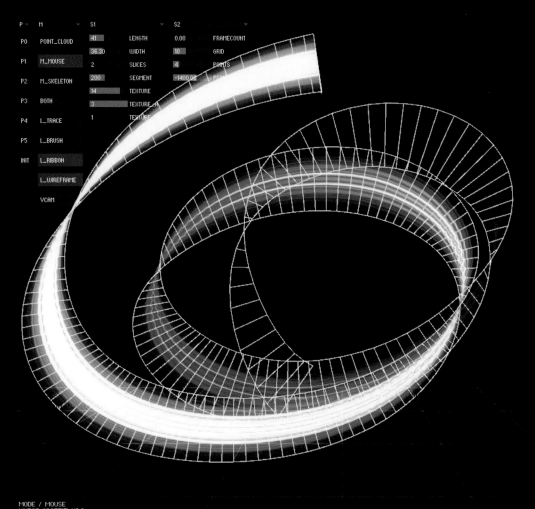

PIXL™ APP

设计师：Jean-Christophe Naour

Pixl ™是一款 iPhone 和 iPad 专用的创作工具，可以让人们重新认识自己的照片。用户可以通过几种设定来玩图，比如说像素大小、颜色、对比度或选择一些模式。这是一种新型交互体验，让用户可以探索摄影背后像素、颜色的奥妙，用简单的手指触摸就能创造无数奇妙的图像组合。

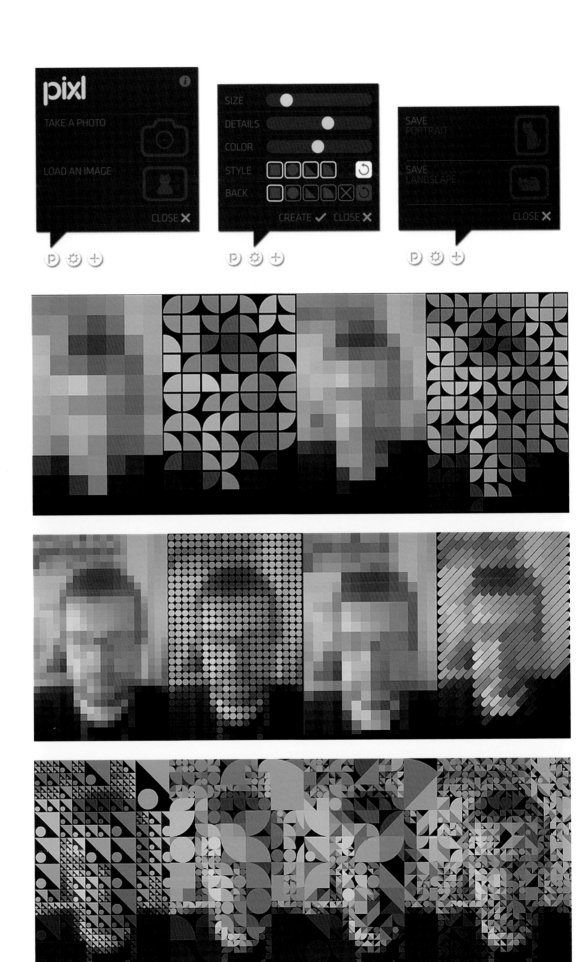

FOODPI APP

设计师：Mukesh Kumar Ranjan　　　国家：印度

Foodpi 是一款面向学生的应用程序。学生可以使用该 app 来寻找校园内外的餐厅。它提供大量餐厅打折的信息。此外，学生还可以使用该应用程序在最喜欢的餐厅内组织朋友聚会。

| 搜索 | 问题描述 | 构思过程 | 概念 | 原型 |

过程

KIDS	COLLEGE STUDENT	WORKER	COLLEGE STAFF
儿童	大学生	工人	大学职员
FOOD LOVER	PROFESSOR	RESTAURANT	ALL MOMS
食物爱好者	教授	餐厅	所有妈妈

目标用户

Location-based Deal　　Easy Menu Access　　Review　　Special Offer

Show Yoor Food　　Call　　Fast Payment　　Book Your Table　　Socia Sharin

atisfaction　　Coupon Redemption　　Increase sells　　Plan Party　　Fast Services

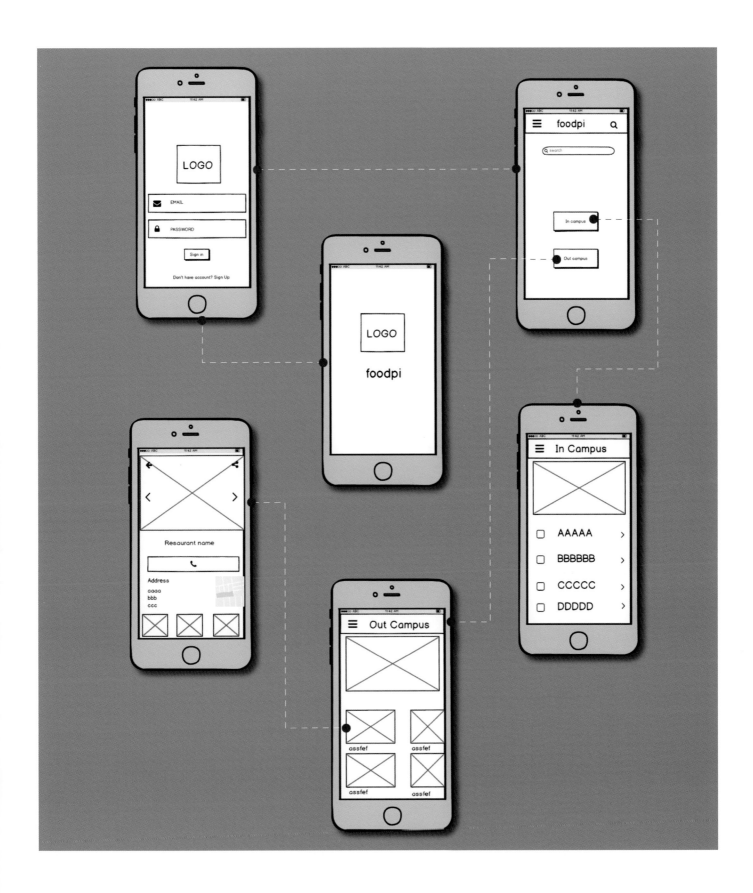

低保真原型图分析了所有用户使用历程和界面
流程。标出了所有界面状况和互动，有助于打
造标准化用户体验和用户界面设计。

登录页面
用户可以搜索他想吃的食物，界
面囊括了校内外的美食。

登录和注册

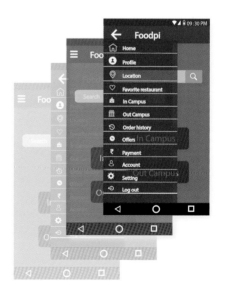

菜单页面
你可以保存自己喜欢的食物和餐厅，修
改个人资料，查询下单历史记录，修改
所在地，了解最低报价。

校内美食
在校内美食这个界面，用户可以搜索
自己喜欢的食物，找到自己最喜欢的
饭堂、雪糕店、饮料中心和餐厅。

校外美食
用户还可以搜索他们喜欢的校外美食和
餐厅，还可以在线订位。

添加页面
用户还可以添加其他媒介，筹划派对和添加餐
厅到资料库。

联系页面
在此页可以找到餐厅的详细联系方式、地址
和最近营业状况。

ORFEO CONTROL APP

设计师：Seung-huyn Kang　　国家：韩国

Orfeo Control 的基本功能提供了音效设置，如音乐厅、摇滚、爵士等。用户可以设置均衡器或通过设置三维声音来制作一种新音效。同时，它能让用户听到耳机外面的声音以检查播放状态与功能。

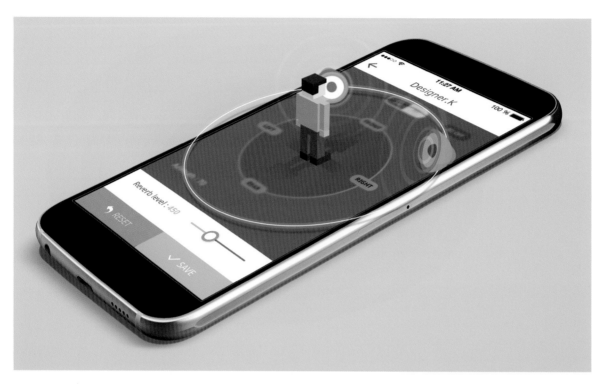

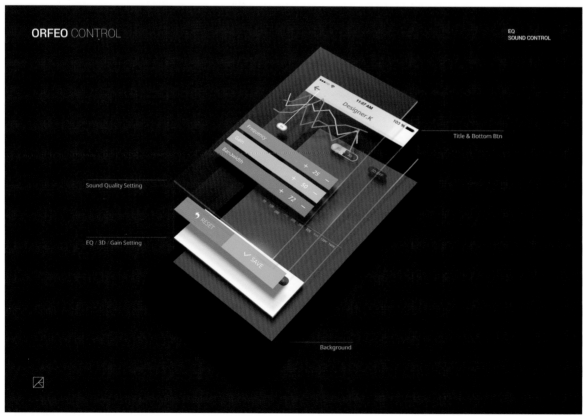

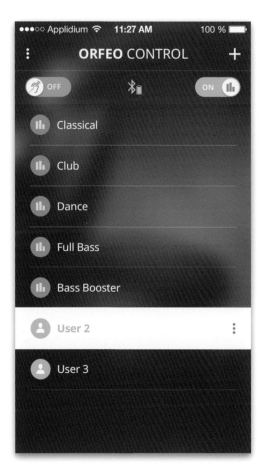

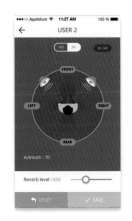

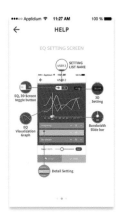

WATCH MASTER APP

设计师：Seung-huyn Kang　　国家：韩国

Watch Master 是一款智能穿戴手表适用的软件，可以为自己的智能手表切换表盘风格。除了基本的时钟、日历、天气等功能之外，最关键是有健康和辅助两大新功能。仿真时针界面给人以商务奢华的感觉，而以色块指示时间的界面则针对年轻人而设计，充满青春动感。

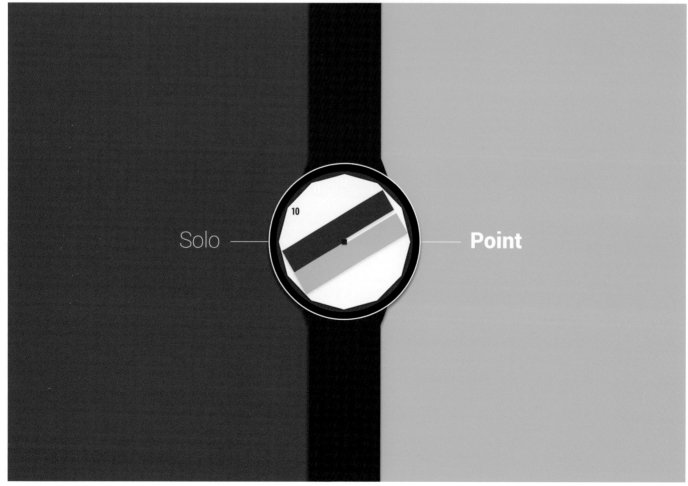

MY FACE YOUR FACE APP

设计师：Seung-huyn Kang　　　国家：韩国

My Face Your Face 是一款休闲娱乐软件，在界面中可以根据自己的喜好去修整、组合人脸。组合完毕后，这张照片还可以虚拟打印出来，让用户能够享受到"作画修图"的过程，还能感受到"打印"的延续性。

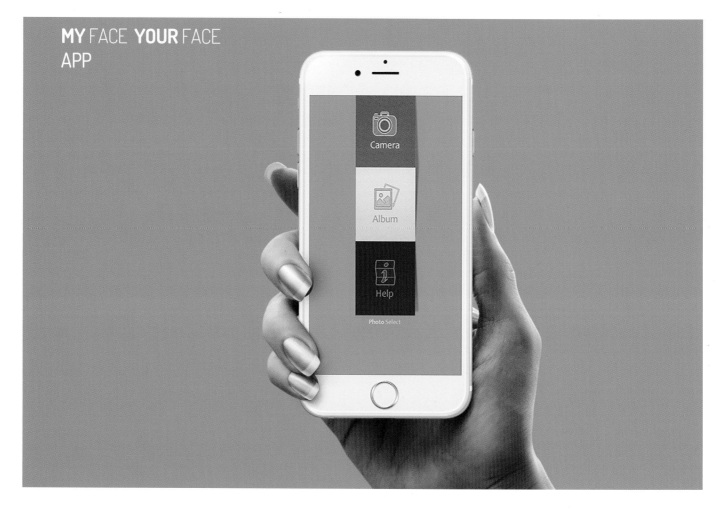

Photo Select Screen
Gender Select Screen
Splash Secreen

Camera Guide Screen
Popup Screen
Control Secreen

Help Screen
Share Screen
Save Secreen

GRIDLESS APP

设计师：Linus Lang 国家：德国

Gridless 是一款简洁易用的图片处理应用。用户可以自由地拼接照片，从而创造出令人惊叹的作品。

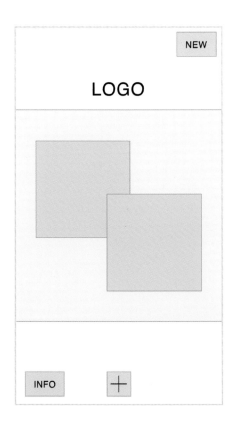

YOUNG DIGITAL MAGAZINE

设计师：Isabel Sousa   国家：葡萄牙

《Young》是一本典型的网络杂志，涵盖年轻人所感兴趣的内容，而经过更新的《Young》2.0 是一个全新的概念，管理员会用专业知识创作最好的故事和内容。设计师所面临的挑战是重新思考品牌定位并为年轻人创造出一个新的信息中心。

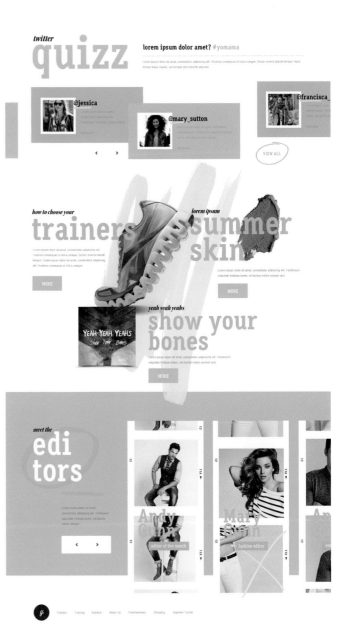

将心理学知识应用到交互设计中

Laurel Ames
美国

设计师的工作是为了保障用户体验和设计中的所有元素来自直觉，并能激发直觉。辨别、理解习惯养成过程中涉及的情绪、动作，以及乐趣和回报，是一个设计成功与否的关键。

谈到如何调查用户情绪反应，我开始通常是观察不同类的人群。

在实地环境中互动。例如在设计 I'm Hungry! 应用程序的时候，我在杂货店里开展了我的调研。我观察了人们是怎样和空间互动，仔细留心他们是如何浏览展示架，如何和产品互动，以及当时他们表现出来的情绪。

一旦你对你的主体在实地环境中的心理反应有了一个扎实的理解之后，你要做的工作就是把它翻译成数字语言。我们的商业生活和个人生活都是被各种各样的设备占据，它们无非就是为了达到搜集、传达、教育，或者是无缝整合的目的。它们传达的过程中就会涉及如何运用语言，运用人们已知的符号，将它们的意义嵌入数字环境中去。例如，红色象征危险、警告，或者错误；绿色象征希望或者完成。设计师可能犯的最大错误可能就是完全不顾语境的因素。潮流总在轮回，成功的设计总会是为用户的需求不断改进的。

I'M HUNGRY! APP

设计师：Laurel Ames

该软件让用户根据自己当下的心情选餐。即使有选择困难，也不再担心每天都要思考要吃什么了，软件会利用用户心情、动作和喜好去简化用餐选择。

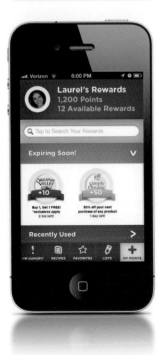

VIMA APP

设计师：Natalia Magda & Justyna Kusa   国家：英国

Vima 是一款界面优美，易于上手的视频软件。用户可以录制、分享及观看优质的视频内容。设计师精心打造了用户体验的每个小细节，包括欢迎界面、搜索功能、视频录制、设置和通知等。

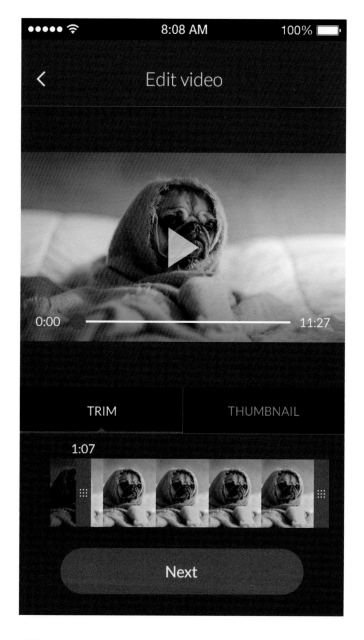

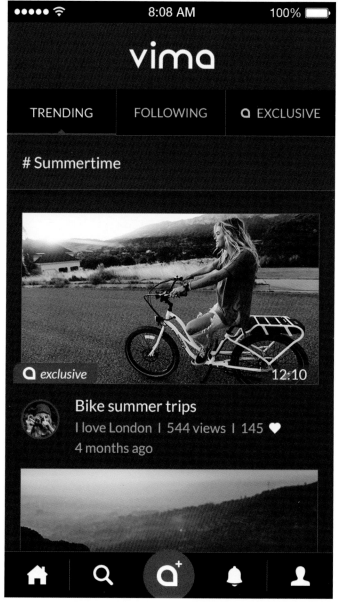

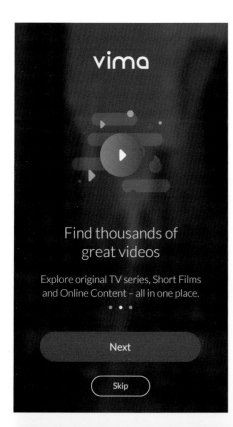

Find thousands of great videos

Explore original TV series, Short Films and Online Content – all in one place.

• • •

Next

Skip

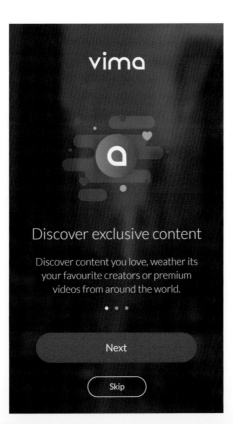

Discover exclusive content

Discover content you love, weather its your favourite creators or premium videos from around the world.

• • •

Next

Skip

Shoot – Filter – Grow

Connect with likeminded users and grow your own community with similar interests.

• • •

Got it

Watch next
Video Title lorem ipsum et dolor sit amet

exclusive

FUNCTIONAL
实用工具

实用不代表设计不出彩，把应用程序的实用性和美观性完美结合才能让用户有最优体验。

购物
SHOPPING

 摄影修图
PHOTOGRAPHY

 金融理财
CONDUCT FINANCIAL TRANSACTIONS

 浏览器
BROWSER

将人与人之间的交互转化为人机交互

Joao de Almeida
葡萄牙

我曾经在自己的设计作品中通过对人工互动的深度狂热的角度去分析我们社交性的行为,以及将其转化为更直观、有效的设计。在一般情况下,人们的心理和情感都与社会环境有关系,不是与交流目的有关就是与社会地位有关。那些情绪都需要转化成一种语境,日后碰到特殊的情形需要有更丰富的经验去进行处理。"语境"是一个关键词,无论是用于通信的目的或心理状态,采用一款 UX 产品设计方法时都要确认它对社会关系有什么影响。所有这些情绪与语境都必须被转化为创作背景。

有了以上的经验,我们能用更有效的方案做设计。现在的用户和顾客都是"智能一族",设计师需要跟上他们吸收新事物的步伐。

项目的主要概念是氛围和情绪转换,我们可以对心理学、色彩理论、格式塔原则和象征主义进行讨论和关注,因为在现代生活中它们与我们息息相关。然而,那些原则被应用到狭义的交互视觉,人们也经常在视觉设计中探索心理的联系,或是考虑在互联网上的导航系统,是否具有连贯性和实用性。所幸的是,如今我们对它有更广泛的理解并能直接影响到交互方式和交互体验。把人们的手势、声音识别、生物指数等参数,都提升到一个全新的等级。实际上,它带领我们回到原点——人与人之间的互动。参数设置的广泛性可以让我们吸收常见的人类行为,并且把它们转化为人机关系,从而得到更丰富的设计产品和服务。所以,这不仅仅是视觉,我们用人类所有的感官行为去协助互动。当然,对于这种理解，上文提及的学科仍然是十分重要的。例如，在网页 UI 上应用极简主义的话，我们能够得到更直观的导航和特别的用户体验。因此，我们仍需要用到这些视觉原理。我们采用极简主义的用户界面，使用户可以更加专注于产品、品牌价值，也可以与品牌有一些小互动。那么，为什么这种"互动"对于产品、服务和普通业务来说如此重要？因为，如今我们可以使它变得更加人性化、条理化，将其与物品联系起来，并且将它们融入生活。这就是为什么我们有些设备是可穿戴的，对于互联网来说可穿戴性只是一个小的范例，实际上，人机将达到视觉设计部分转化为产品 / 服务设计和用户 / 客户体验的程度。这正是交互设计在这个过渡时期如此重要的原因。

ETIHAD: REIMAGINE APP

设计师：Joao de Almeida

这是为阿联酋国家航空公司之一的阿提哈德航空设计的 VR 体验手机软件，乘客在乘坐 A380 次航班时，可以佩戴 VR 设备，通过软件控制 VR 视频的播放，视频中更有好莱坞明星妮可·基德曼的出演。

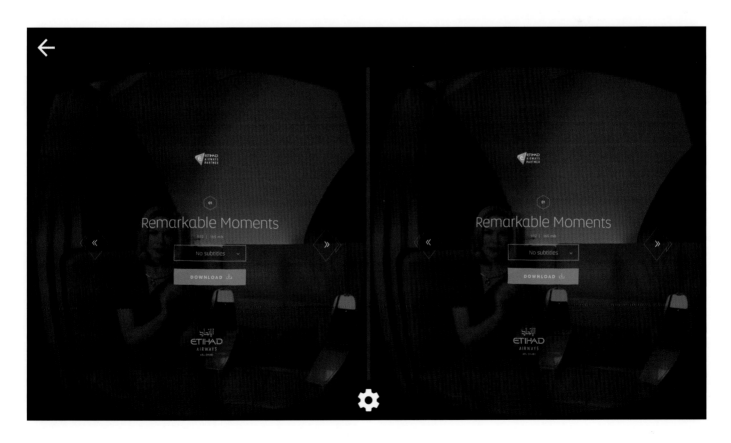

normal   active

Share    **Share**

Icons

Menu normal   Menu active   Timer

HOME   SELECT CARDBOARD / 360 VIDEO   SUBTITLES OPTIONS
                                                                                               CARDBOARD

ETIHAD VR,

Lorem ipsum dolor sit amet, consectetur
adipiscing elit. Nulla accumsan dui justo, ac
porttitor eros pretium nec.

REMARKABLE MOMENTS

DO YOU HAVE CARDBOARD?   The user can choose
                                                 cardboard or 360°
YES   NO   video.

                                                 The background is a
                                                 360° image.

CARDBOARD INSTRUCTIONS   CARDBOARD
CARDBOARD   CARDBOARD

Put on your   Place Phone
headphones   in Viewer

back

Lorem ipsum dolor sit amet, consectetur adipiscing elit.

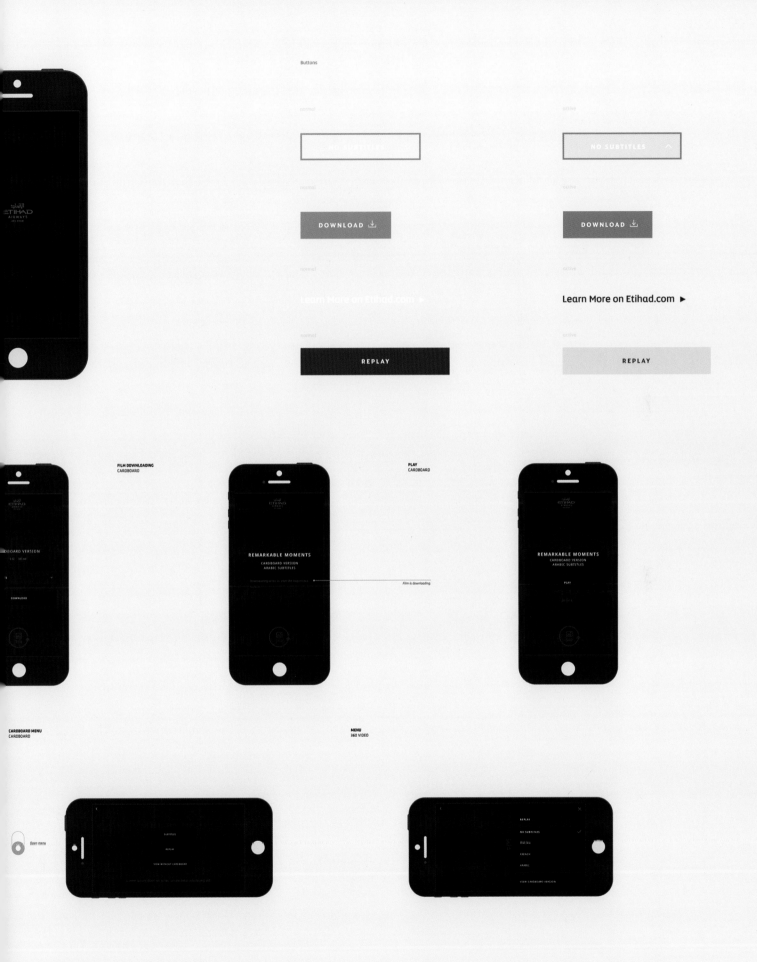

Buttons

normal active

NO SUBTITLES NO SUBTITLES ∧

normal active

DOWNLOAD ⬇ DOWNLOAD ⬇

normal active

Learn More on Etihad.com ▶ Learn More on Etihad.com ▶

normal active

REPLAY REPLAY

FILM DOWNLOADING
CARDBOARD

PLAY
CARDBOARD

REMARKABLE MOMENTS
CARDBOARD VERSION
ARABIC SUBTITLES

Film is downloading.

REMARKABLE MOMENTS
CARDBOARD VERSION
ARABIC SUBTITLES

PLAY

CARDBOARD MENU
CARDBOARD

MENU
360 VIDEO

Open menu

交互设计的目标是促进沟通

Rasam Rostami
伊朗

设计的核心目标永远都是"沟通"。我们的世界在人与人之间无限的关系、客体、环境等因素的参与下运行着。整个社会系统中的每个成员都有各自独特的性格，社会发展的关键就是有效的沟通。无论是一个醒目的红色警示标志还是智能手表屏幕边缘一个温润的小凹槽，视觉语言会让我们形成对事物的认识，传递我们需要的信息或者配合我们的风格。

为了在复杂而混乱的系统中创造有意义和有效的沟通，设计师们尝试锁定他们的目标用户群体，找出他们共享的东西，如兴趣、行为。接下来设计师就需要以能与上文所述的东西完全合拍的方式，将它们转化和排列成视觉语言元素。这正是用户界面影响用户体验的地方，当然用户的实际体验都因人而异，但通过分析心理和情感行为将可能实现所需的交互情形。

决定一个设计项目的主要内容是取舍过程中最重要的一环。例如，如果为在线银行网站设计安全登录网页的话，在确认功能齐全以及没有小失误之后，设计师们必须尽力去关照网站的使用安全。交互存在于交互界面的每一个元素中，在登录按钮前的一个小箭头的形状、颜色，在屏幕中的位置、校准等，都向用户发出信号——指出翻页的方向。如果这些元素包含信息参数（比如解锁页面的锁屏图标或是推广码的标记），设计师必须确定信息的重要程度，设计出足够的对比感。触屏规则是如果所有东西都是粗体和华而不实的，用户会不知道从何下手操作；目标物件是两种截然不同的视觉权重时，对比感才达到最佳。

一段时间以来，我们经常听到有人说："交互设计都与体验有关"。我相信随着交互设计发展，有经验的设计师们会有更多独特的表现手法。以用户为中心的设计核心永远都是"用户化"。特殊用户会根据他们的习惯、偏好和兴趣去使用一个软件，在每个设计作品中，会集中关注以上因素。

3ANGLE APP

设计师：Rasam Rostami

3Angle 是一个智能手表表盘软件，只要动动手指将表盘上的点连接成三角形，就可以利用它来指示时间。三角形会每五秒改变一次形状。

Settings

Long tap (or force touch) to enter settings menu where you can choose the color scheme or toggle between Day/Night or automatic mode.

EXPENSE NOTE APP

设计师：Sathish Selladurai   国家：印度

这是一款直观易用的记账软件，设计师设计了多个记账情景模式，方便用户记录各种支出。此外，用户还可以手动添加支出的详细信息。

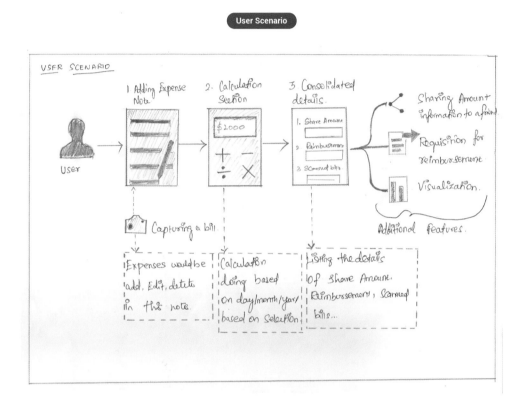

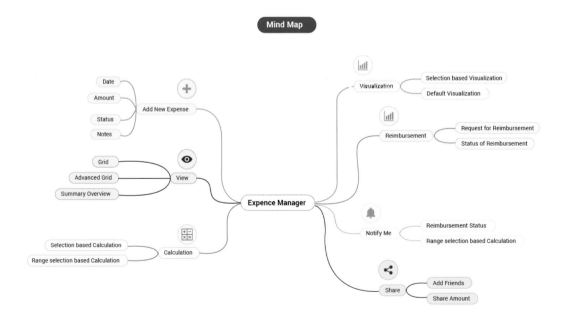

Information Architecture

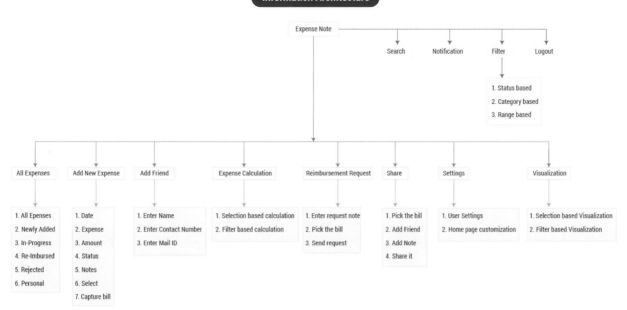

Sketches

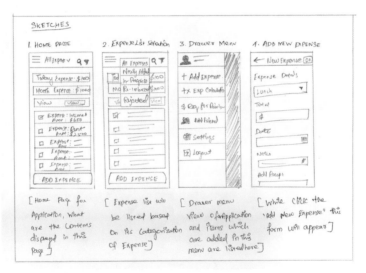

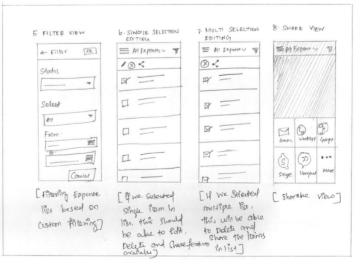

Icon Design

Dollar(Currency) symbol

+

Expense Notes

=

- I chose launcher shape as a Circle since it represents Totality, Wholeness and also denotes a coin shape

3

Main Colors

Color Scheme

192 px

144 px

96 px

72 px

48 px

1. Drawer Menu

2. Home Page

3. Category Selection

4. Create New Expense

5. Filtering

6. List Expanded View

7. Single Selection Edit Mode

8. Multiple Selection Edit Mode

9. Visualization

10. Sharing Expense

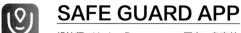
SAFE GUARD APP

设计师：Karina Popova　　　　国家：乌克兰

当被人跟踪或被陌生车辆尾随，遭受恶意攻击或遇到盗窃、绑架行为时，这款软件便可派上大用场。用户可以随时随地使用该软件轻松快速地发出求救信号。这款软件的主要功能便是紧急呼叫，用户无须进入应用程序便可使用此功能。

登录页面
已注册的用户可在此页面登录，未注册的用户可在此页面注册账号。用户将通过系统的认证，认证通过后，用户便可登录系统。

注册页面
注册页面需要填写三个项目，即新的用户名、密码和手机号码。用户点击"继续"后，手机上将会收到一个验证码。

App 首页
注册完毕后，用户将输入三个号码作为紧急情形下联络之用。一旦用户按下 SOS 按钮，这些联系人将收到显示用户地址的求救信息。警局电话号码已列入默认联系人列表，无法进行编辑或删除。该应用程序将自动开启定位功能，无须用户确认。

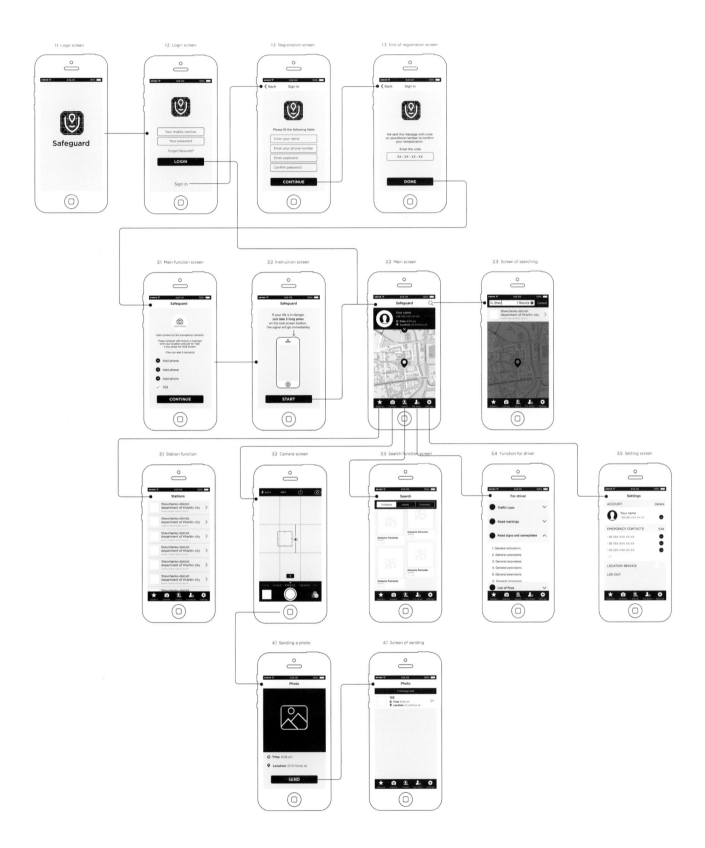

主页面
除发出求救信号之外，此应用程序还将显示定位并提供最近的警局地址。应用程序的主页面将显示地图，地图上会标注你所在地址及确切时间和日期。用户可在列表中查看和寻找警察局。

给警察局发送照片
应用程序允许把照片或视频发送至警察局，照片将显示该地址的具体坐标及案件的确切发生时间。

面向司机
App 将自动更新法律法规。

寻人启事
上传失踪人员和儿童的照片后，可查看失踪人员的照片。

警察局
市内的警察局列表。列表将显示当时离你地址最近的警察局地址。

设置
设置页面包含变更用户数据，变更紧急联系人及注销账户等功能。

VC 浏览器 APP

设计师：景泓达

VC 浏览器是更小、更快、更轻便、更有趣的移动网络浏览工具。
轻巧的体积及更少的内存消耗，带来极速的上网体验和浏览速度，
实现丰富的浏览功能，让用户的手机快速"飞"起来。整个软件界
面以紫色为主，日夜模式自由切换。软件有随心伸缩浏览器按钮，
专为大屏手机而做的减法设计，只留下必要的功能使页面更为清爽。

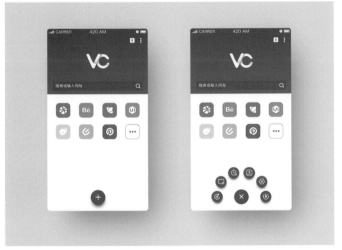

送姜 APP

设计师：景泓达　　国家：中国

送姜团队起源于清华大学，"送姜"取意梁山好汉"及时雨"宋江。
送姜立志要做中国最大的校园优选精品生活服务与交易平台，成为
大学生身边的生活服务管家。明黄色的界面用色让人觉得精神与活
泼，正好符合大学生的用户群特点。软件的内容也贴近大学生生活，
如服务界面有"成长"一栏，底下分别是"兼职""驾考"以及"新
东方"，迎合了学生用户的需求。

SOOJOY APP

设计师：景泓达

这款是"送姜"的贵宾版应用程序，专注于美食方面。

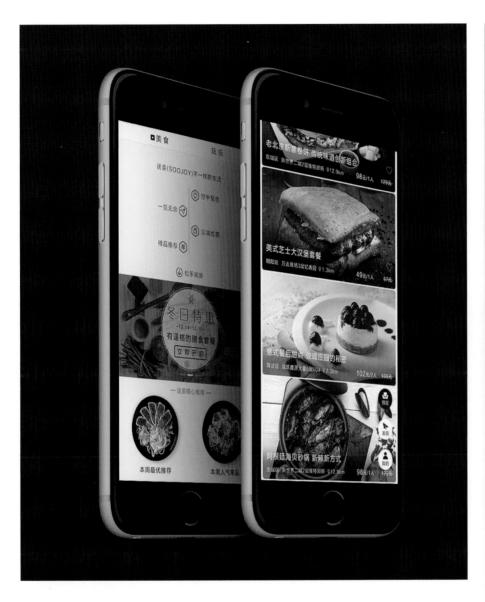

如何创作一个美观的用户界面

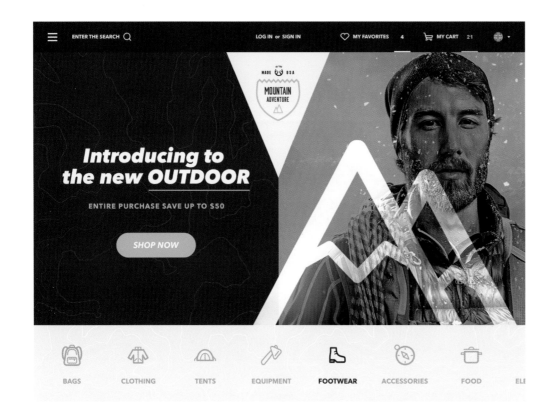

Marcin Mizura
波兰

在设计中，互动效果的测试只有等到项目完成才能进行，在项目一开始构思的时候是没办法评估的，所以我们别无选择，唯有不断的改进与测试。

项目成功与否，可以从两个方面去看：第一，它的产品是否提供了与众不同的体验，是否能够更久地抓住用户的注意力。第二，它是否能够吸引目标客户。

为了达到这两个目标，我们应该回答以下两个关键问题：

1. 项目的功能到底是什么？

2. 该如何实现这个功能？

所以对"人"的了解至关重要了，更具体来说是对目标客户的了解。最直接有用的方法是搜集齐他们的照片、姓名还有相关的经历等信息，建立一个档案来参考，或者是选取某一个人群，直接进行研究。另外一种情况是，精心选取调查目标，一般我们会在后续项目中采取这种方法。

了解用户能保证我们的用户能够愉快地使用我们的产品，而不是被迫使用，这样才能保证他们以后会频繁地访问。不过，这点做起来却不容易。一个项目的构成因素可能有视觉、听觉、触觉，以及其他感知方式，但是我们必须要清楚视觉是人类最重要的感知系统，我们 90% 的信息都来源于这个渠道。

每个人都不一样，当然对色彩的感知也不一样。这些差异可能是由视觉紊乱造成的，例如色彩认知困难等，就是我们常称的色盲。有时候也和显示器设置有关系。我们通常遇到较多困扰的是红色和绿色，蓝色一般较少。这就是我们在项目中，为什么要重视色彩元素运用的原因了。

在 Don Norman 的 *Emotional Design* 一书中，他指出"漂亮的东西更有效"——这是一个很好的总结，告诉我们作为设计师，从一开始的网架，就应该十分注意图形、色彩、字体等方面的选择。因为它们作为整体形象的一部分，被用户潜意识感知。但是在实践中，UX 设计师并不是特别关注这一点，这导致了这个领域中出现了很多冲突，UX 设计师和平面设计师是两个对立的概念，平面设计师可能设计好某个环节之后，等到网架建构好之后马上就被篡改了。UX 设计师比较依赖于那些脑中已有的解决办法，靠自己经验解决问题，这样不一样的意见就很难被接受。因此，我相信在未来，UX 设计和平面设计之间

的界限应该会慢慢消除，设计师应该兼具两种才能，这样才能开发出更有创意和使用感的产品。我已经注意到在有些公司，这样的称谓已经不再被使用了，取而代之的是 UI/UX 设计师、人类互动界面设计师。我想这是一种不错的趋势，因为这些职位拥有了复合型的职能，这也是我们这个领域的发展趋势。

将来，我希望通过融合视觉、触觉和听觉来进行开发的项目能够让用户更加了解虚拟世界。现在唯一的障碍就是科技因素，在某些节点上它还是很不尽如人意。

MOUNTAIN ADVENTURE HTML5

设计师：Marcin Mizura

Mountain Adventure 对登山探险活动一切可能需要的物品有全面的协助，如背包、步行靴、安全鞋、背包、睡袋、烹饪设备、帐篷、户外服装、雪地靴、露营装备、运动鞋等。

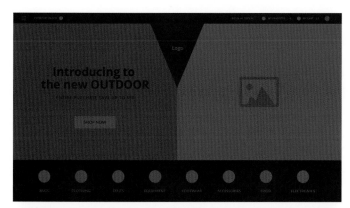

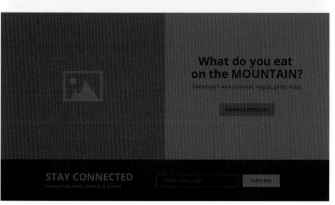
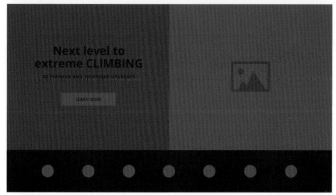

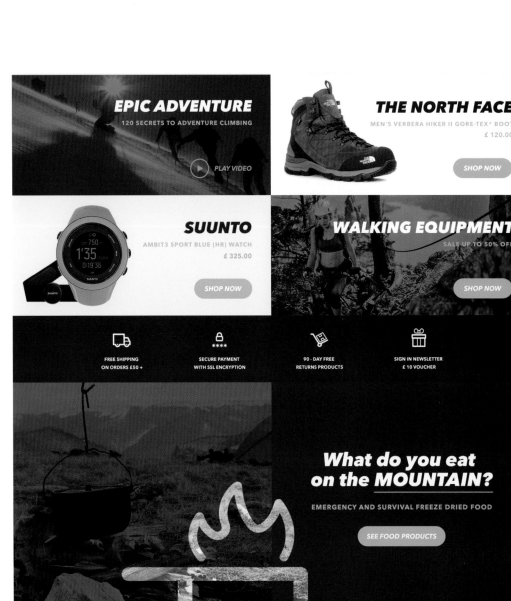

EPIC ADVENTURE

120 SECRETS TO ADVENTURE CLIMBING

▶ PLAY VIDEO

THE NORTH FACE

MEN'S VERBERA HIKER II GORE-TEX® BOOT

£ 120.00

SHOP NOW

SUUNTO

AMBIT3 SPORT BLUE (HR) WATCH

£ 325.00

SHOP NOW

WALKING EQUIPMENT

SALE UP TO 50% OFF

SHOP NOW

FREE SHIPPING
ON ORDERS £50 +

SECURE PAYMENT
WITH SSL ENCRYPTION

90 - DAY FREE
RETURNS PRODUCTS

SIGN IN NEWSLETTER
£ 10 VOUCHER

What do you eat on the MOUNTAIN?

EMERGENCY AND SURVIVAL FREEZE DRIED FOOD

SEE FOOD PRODUCTS

STAY CONNECTED

SIGNUP FOR NEWS, EVENTS & OFFERS

ENTER EMAIL HERE

SUBSCRIBE

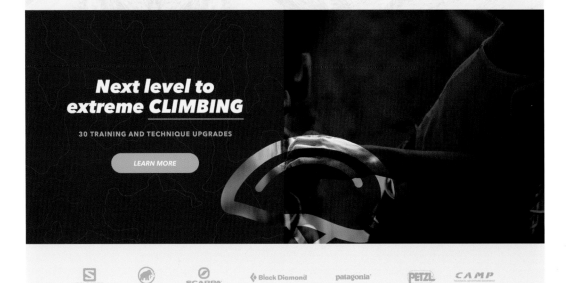

Next level to extreme CLIMBING

30 TRAINING AND TECHNIQUE UPGRADES

LEARN MORE

salomon · MAMMUT · SCARPA · Black Diamond · patagonia · PETZL · CAMP

SHOP / MEN'S

PATAGONIA
MR'S TRIOLET JACKET
£ 440.00

BERGHAUS
FRENDO INSULATED JACKETS
£ 440.00

PATAGONIA
MR'S TORRENTSHELL JACKET
£ 128.00

FJÄLLRÄVEN
KEB LOFT JACKET
£ 195.00

ARC'TERYX
CERES
£ 440.00

ARC'TERYX
BETA AR JACKET
£ 128.00

SHOP NOW
S   M   L   XL   XXL

MOUNTAIN EQUIPMENT
GRYPHON
£ 164.99

FJÄLLRÄVEN
KEB PANTS
£ 440.00

MAMMUT
REALIZATION PANT
£ 128.00

ARC'TERYX
PHASE SV ZIP NECK L3
£ 164.99

THE NORTH FACE
PRISM OPTIMUS DOWN JACKET
£ 440.00

THE NORTH FACE
FREEDOM PANT
£ 128.00

FIND US ON
INSTAGRAM

FIND US ON
FACEBOOK

CUSTOMER SERVICE
CONTACT US
FAQ
PAYMENT
DELIVERY
RETURNS AND EXCHANGES
PRIVACY POLICY

SHOP
GIFT CARDS
HISTORY
CAREERS
TEAM

ACCOUNT MENU
MY ACCOUNT
ORDER TRACKING
WISHLIST
GIFT CERTIFICATIONS

POPULAR STUFF
THE NAPSACK
POLER BAGS
THE TWO MAN TENT
CAMP VIBES COMMUNIQUE
THE LE TENT

HOPPIE APP

设计师：Amirul Hakim　　　国家：印度尼西亚

Hoppie 主要用于跟踪员工的满意度，提高员工的工作效率。其核心功能是每周对用户的满意度进行调查。此外，它还有"意见箱"功能，用户可以在此提交他们的意见与建议。

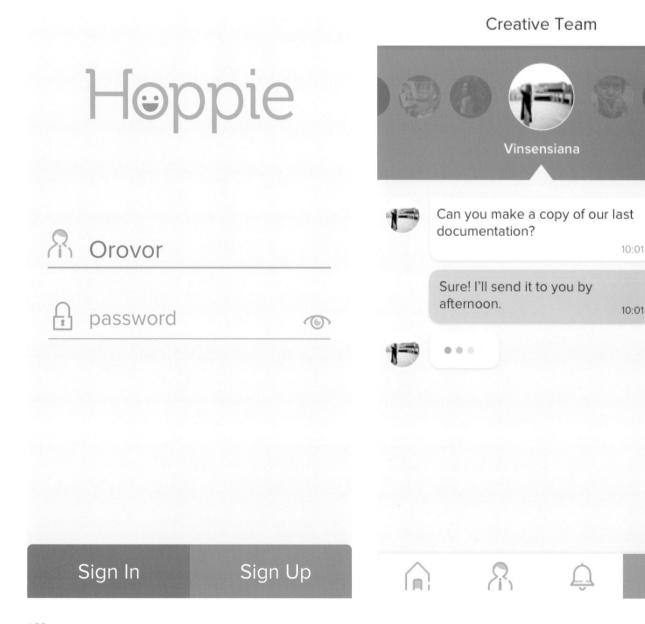

Question 1 of 5

How happy are you?

35%

0%   100%

Previous   Skip   Next

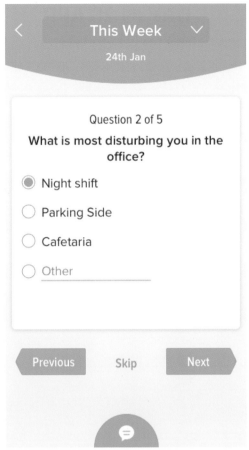

Question 2 of 5

What is most disturbing you in the office?

⦿ Night shift

◯ Parking Side

◯ Cafetaria

◯ Other

Previous   Skip   Next

Anne Hathaway

Marketing Manager

♡ **Satisfaction Rate : 75%** ∧

| DEC '16 | **JAN '17** | FEB '17 |

1st   2nd   3rd   4th

😠 **Complainment Rate : 21%** ∨

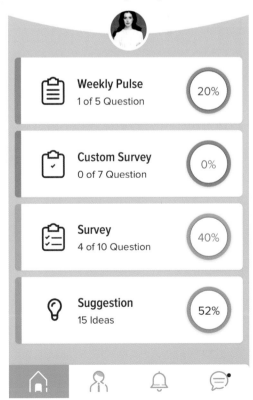

Anne Hathaway

Marketing Manager

Weekly Pulse
1 of 5 Question   20%

Custom Survey
0 of 7 Question   0%

Survey
4 of 10 Question   40%

Suggestion
15 Ideas   52%

DAY IN 2S APP

设计师：Victor Berbel　　国家：巴西

Day in 2s 是一款概念性应用程序，用户每天都可以用它拍摄 2 秒的视频，最后将这些 2 秒的视频素材拼合起来成为长视频。这款应用程序简单便捷，其功能如其名，每天只能拍摄 2 秒的视频。

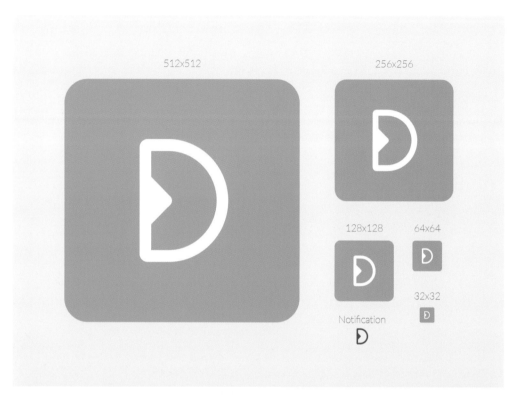

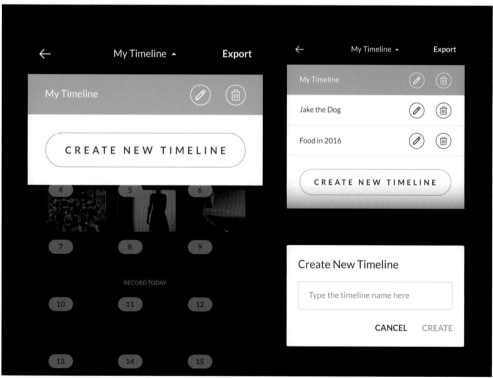

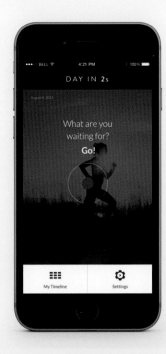

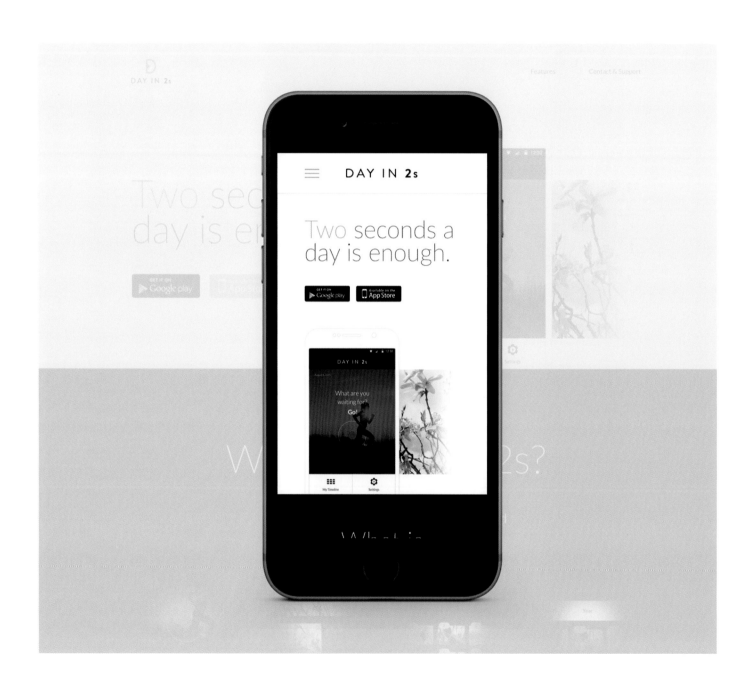

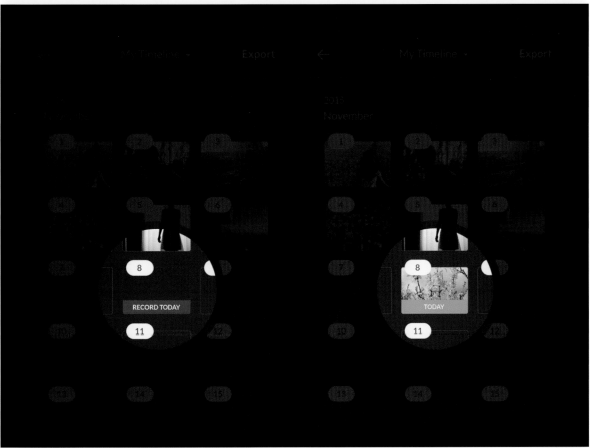

ICBC BANK APP

设计师：葛慧　　　国家：中国

中国工商银行为手机客户打造移动金融服务平台，它具备三大特征。第一点是丰富的产品功能：为客户提供账户管理、转账汇款、在线缴费、个人贷款、基金买卖、外汇交易、贵金属、网店查询等多项银行服务，全面满足客户的移动金融需求。第二点是良好的客户体验：总体风格简洁稳重，流程设计融合多点触控、中立感应灯操作特点，为您带来便捷、流畅的全新使用感受。第三点是有力的安全保障：配备业界领先的工银电子密码器或手机 U 盾安全产品，交易有保障，实用更安心！

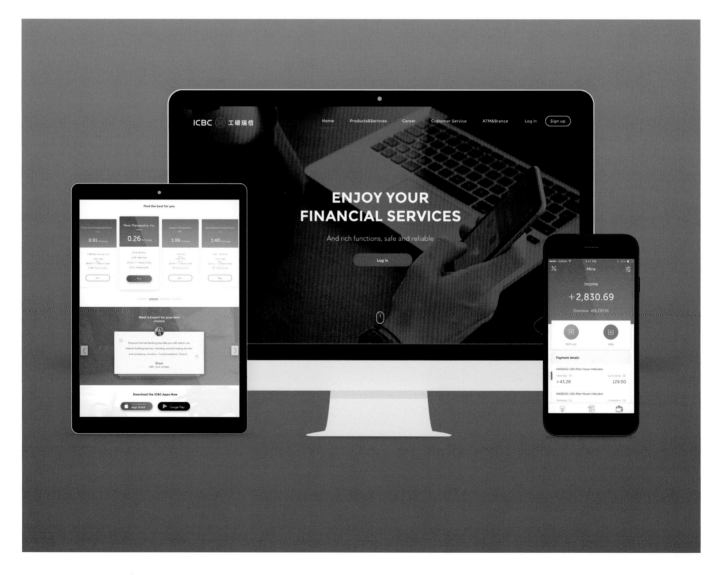

| Home | Investment | Mine | Countdown | Price |

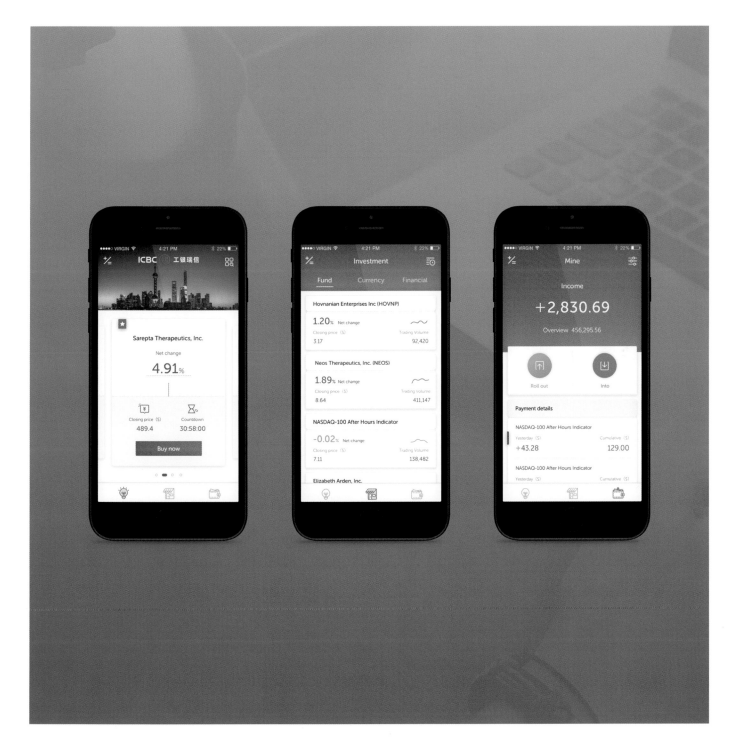

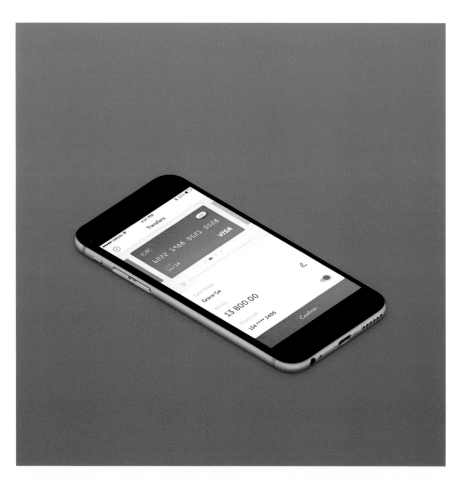

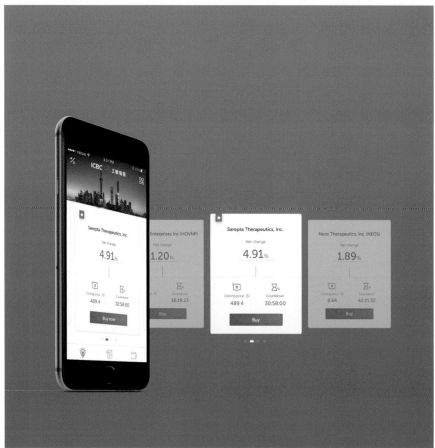

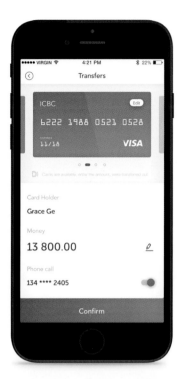

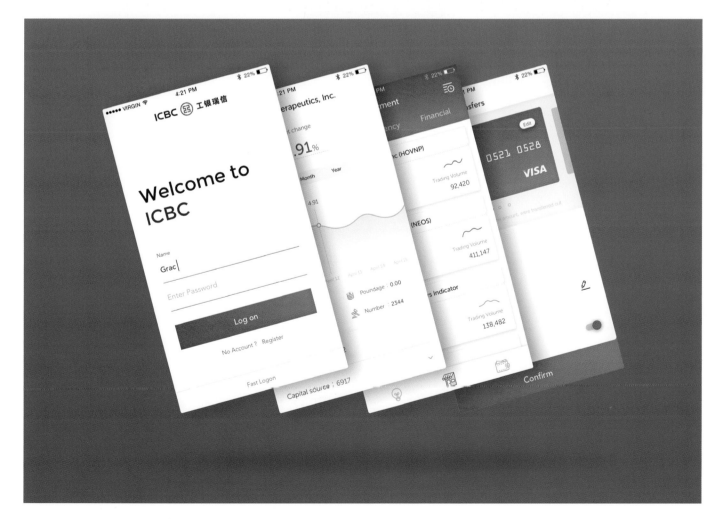

SALES POWER APP

设计师：葛慧

一款全新的移动销售管理软件，从多渠道引流客户，实现客户的全
生命周期管理和团队管理，核心价值只为提升团队的销售业绩！

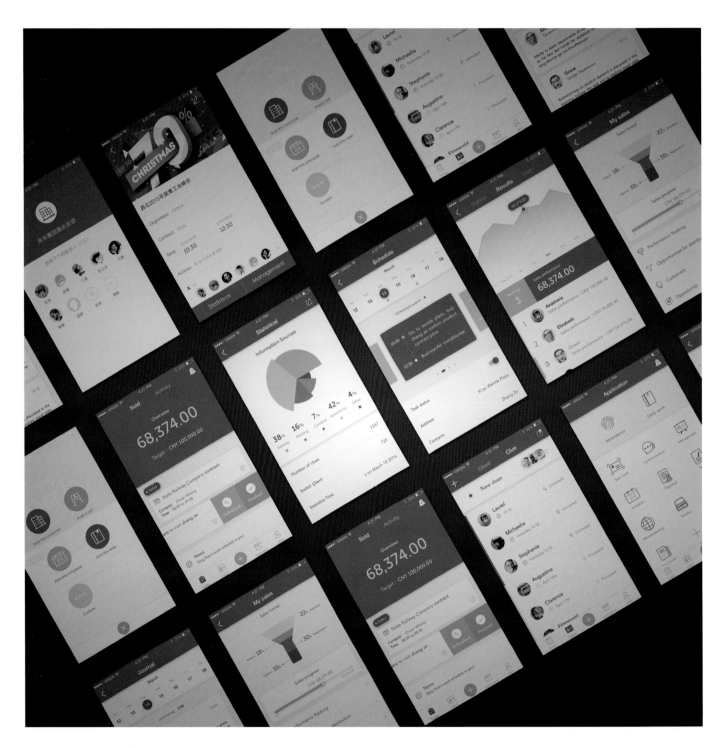

Color

 Main
#4162FF

 **Yellow**
#FFAF30

 Green
#14B3A2

 Grey
#D8DFFF

Icon

Approval

Notes

Announcement

Scan Card

Management

Count off

Communication

Data

Daily work

Netdisc

PARKME APP

设计工作室： Ceffectz(Pvt)Ltd   国家：斯里兰卡

ParkMe 是一款指导用户停车的应用程序。它可以帮助用户寻找附近可用的停车场。用户将获得有关停车场的详细信息，包括可用设施、不同车型的停车费、用户反馈和街景地图等。

Locate Car

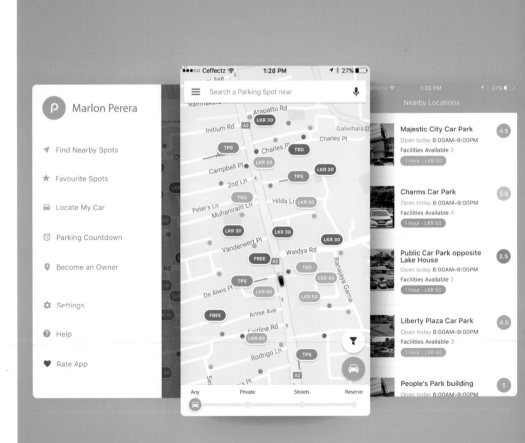

交互设计给我的启示

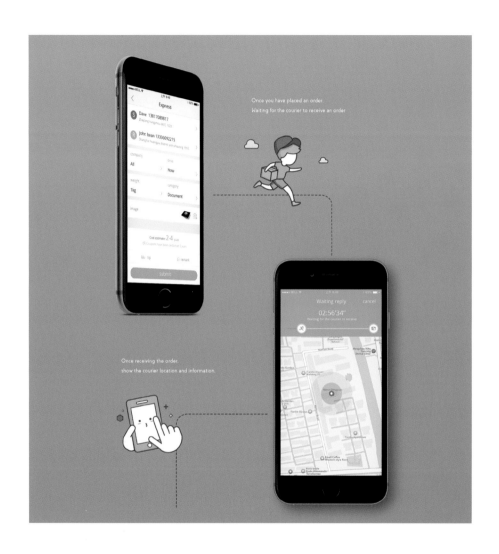

詹晓

中国

Ued 工程师

为全球多家公司提供服务，如香格里拉
酒店集团、IBM kenexa、喜达屋集团、
卡夫食品、TAKARA TOMY 等。

作品多次获得国际顶尖设计平台
Behance 和 Awwwards 的推荐奖。

在过去 7 年里，我一直从事交互与视觉设计工作，因此常被人问到"交互设计有什么准则吗？""如何提升用户体验？"每次回答得都不太详细。借此机会干脆结合自己的经历和理解，把一些经典的交互设计准则做一个整理，希望对交互设计感兴趣的你，可以从这里开始了解交互设计。

可视性

产品里的功能要有足够的可视性，让用户能够明白任务中下一步做什么，如果这个功能隐藏的太深，用户很难发现并使用它。简单来说，就是通过操作区域、颜色和图标等元素突出核心功能的展示，把一些次要功能叠加隐藏起来。这就是交互设计中经常提到的"做减法"，但是在实际应用上减法是很难做的，在做减法的时候，需要明确用户的需求，满足用户使用场景，控制任务的操作区域，这样才能使用户简单轻松的使用产品。例如，微信消息首页，把"扫一扫""添加朋友"等功能打包放在右上角，让用户对这区域有记忆，同时不影响用户查看消息的主要操作。

自然印象

简单来说就是讲产品要做到"自然"，符合人的操作天性。让用户不需要文字说明就可以轻松上手。举个生活中的例子，我 4 岁的侄子用 iPad 很容易上手，iPad 的开锁，不用学就会使用。因为触摸和心理暗示都是人的天性，iPad 通过箭头向右滑动的图标和动画，来暗示手指触摸向右滑动来解锁。产品要做好交互一定要符合人的自然本性。

一致性

一个产品的结构、界面、风格和操作都应该具备一致性。例如iOS，有 iOS Human Interface Guidelines、Android，则有 Material Design，它们对 UI 和 UX 进行详细的设计规范，使得产品拥有高度的一致性。相反，设想下假如 iPhone、iPad、iTouch，分别是三角形 home 键、长方形 home 键和没有 home 键，你还会热爱苹果产品吗？

认知

用户对一个功能有清晰的了解后很容易知道如何去使用它。我们做设计应该基于用户的心理模型，而不能设计出非常符合逻辑、真实并且精准的模型。对于用户来说，这些界面往往不是很有效，也不好理解，大多数用户并不关心程序上是怎么现实的。比如，观众在看一部高速摄像机影片，惊叹一些细节时，并不知道高速摄像机一般可以每秒 1 000~10 000 帧的速度记录。只是觉得把正常影片的速度变慢而已，这就是用户的"心理模型"。所以提供完整的用户心理模型，建立核心用户场景，才是设计师们应该做的。

情感设计

我所理解的情感化设计是一种"体贴"的设计，最关心的是用户的目标和需求。情感化设计并不是盲目地去满足用户的情感，而是应该存在一个界限。如果用户在某个场景情感已经很饱满，用户就会对产品有好感，再去做更多的情感设计就会显得多余甚至反感。根据用户不同的情感设定不同的体验目的。例如，小时候大家都玩过《超级玛丽》，每个关卡过关后，都不需要操作游戏，只观看游戏自动播放。这让用户从紧张兴奋的体验中解放出来，

感受其中愉快的情感体验。再举个例子，2 年前在日本的时候，有一次在酒店的厕所发现里面的卷筒纸芯竟然是四角形的，在向下拉纸的时候会比一般圆形的不便，它设计的用意在于传达给用户不要过度浪费，节约资源的情感体验。这一设计很好地限制了用户过度的欲望情感，同时兼顾了产品的商业价值。总之，如果想要做好情感化设计，就需要多去研究和体会用户的情感。

错误控制

在设计系统时尽可能让用户不犯严重的错误。但很少有产品能够做到，如果用户犯错误了，系统能提示错误原因，并提供简单、易于理解的解决方案。而不是让用户停留在错误的界面不知道如何进行下一步。例如，Word、Photoshop 等都提供了反操作，你能想象 Photoshop 没有撤销功能吗？

品牌印象

定义品牌的一种"气质"，这种"气质"包括产品设计的风格、美学、文化、精神等。这些需要设计师们反复去思考、验证，将这种"气质"贯彻下去，坚定不移地去执行。用户看到产品设计就能识别你的品牌，感受到品牌文化和精神，从而觉得你不错，直至真正爱上你。说到简约、科技、人性化，你可能会首先想到苹果公司，这就是品牌的印象。

商业价值

设计与艺术不同，设计是理性的，有方法可循。一个好的设计一定能够让用户达到目标，使用变得更有效率。例如，当第一辆汽车诞生时很奇怪，更像一辆三轮车，不久之后，更方便的操作。更美观的外形就出现了，是设计师为它增添了商业价值。在过去，设计可能意味着产品、项目、解决方案，而现在设计更像是一种思维方式，设计和技术的相辅相成共同构建了一种新的商业价值。

艾特小哥 APP

设计师：詹晓

艾特小哥平台是立足于 LBS 的 O2O 应用，主要服务于有寄件需求的 C 端用户和传统快递公司快递员。
用户通过应用发布寄发快递需求，快递员端实时展现，以派单或抢单模式接单。
该应用同时实现实名认证、在线支付、快递员等级评分、积分、积分商城、优惠券以及后期面向闲散
劳动力的众包快递服务对接等，是一个实现互联网快递的移动互联网产品。

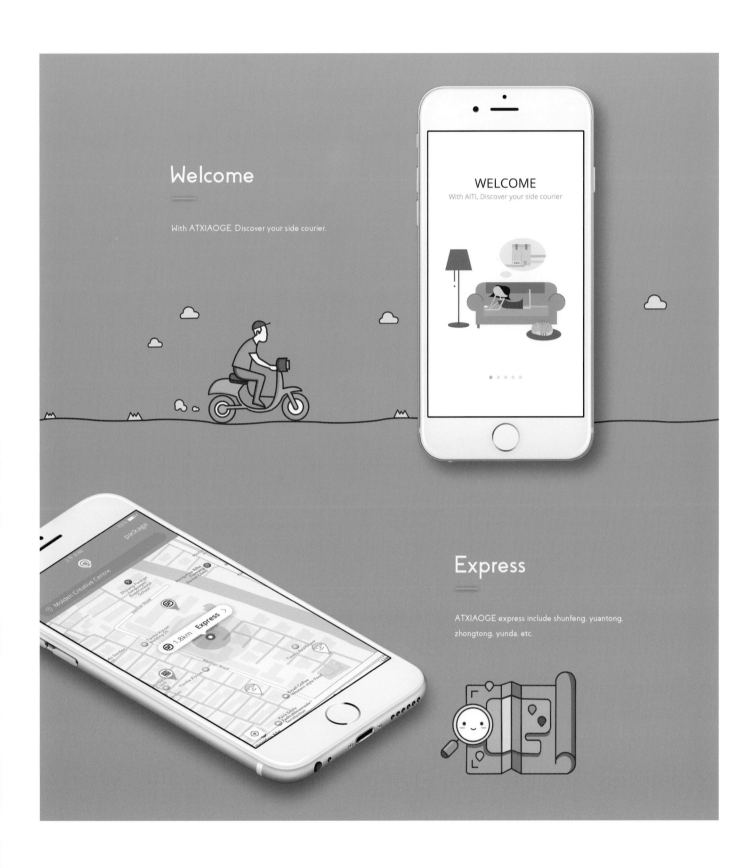

Welcome

With ATXIAOGE. Discover your side courier.

Express

ATXIAOGE express include shunfeng, yuantong, zhongtong, yunda, etc.

分期管家 APP

设计师：詹晓

分期管家是年轻人首选的分期账单管理工具，帮助用户打理全网的分期账单，智能化的还款提醒服务，并推出了应急还款通道，让用户远离逾期，保持良好的信用记录。分期管家整合了近百家互联网分期和借款平台，为用户提供智能化的借款搜索服务，提高借款成功率。

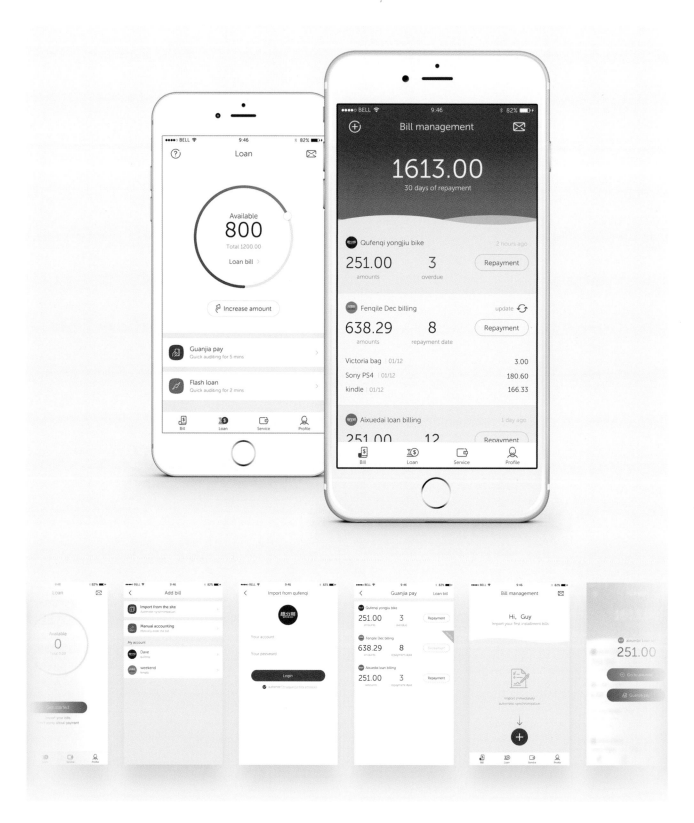

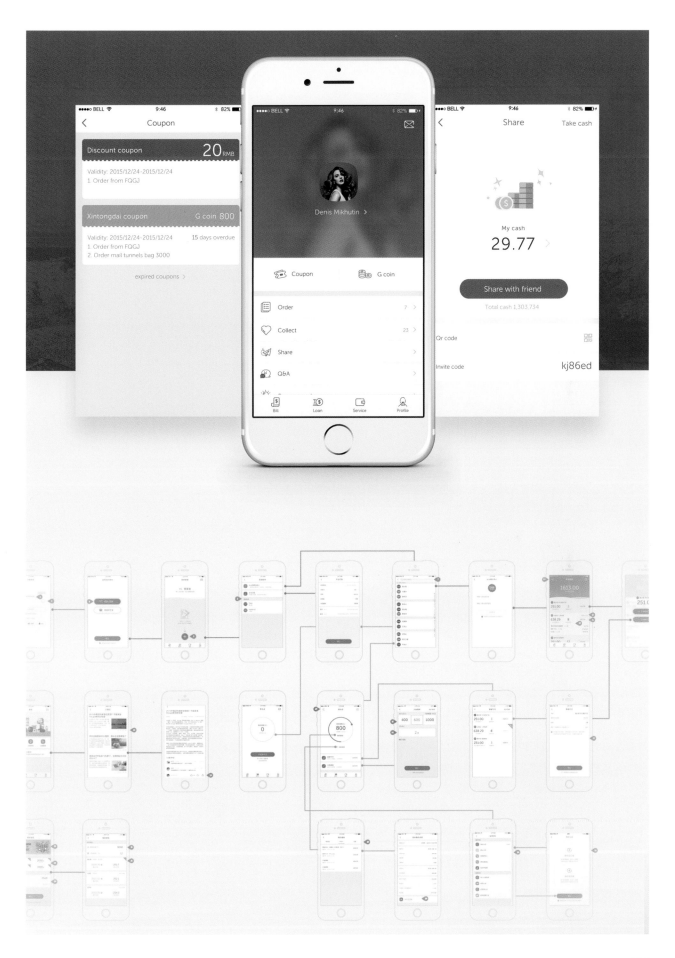

游杭州，荡西湖 APP

指导老师：毕学锋　　　设计团队：张雨、郭奥申、郭军正

这是一个依托西湖资源的品牌规划，它是为促进西湖旅游景区而设计的一款旅游纪念行为系统。游览互动行为与媒体相结合的概念设计，将西湖的十大景点、历史人文等信息，结合流行的交互手段展现给城市到访者，同时也通过这一主题开发一系列的西湖衍生产品。

游杭州
汤西湖
Tour in HANGZHOU
Roam around
WEST LAKE

文三路
天目山路
体育场路
中河立交桥

延安路
武林路
凤起路
庆春路
平海路
解放路
开元路
中河高架路
马市街
建国中路

断桥残雪

曲院风荷
双峰插云
灵隐隧道
龙井路
灵隐禅宗

平湖秋月

苏堤春晓

柳浪闻莺
南山路
地铁一号线
河坊街

三潭印月

五老峰隧道

花港观鱼
雷峰夕照

南屏晚钟

铁路交通

优秀的用户界面应该是直观且无形的

PlusX

韩国

PlusX 是一个创意团队，致力于不一样的品牌体验。成功的案例 29CM 应用程序被苹果公司选为"2014 年度应用程序"，在 IF 和 REDDOT 设计大奖上获胜。在四年半的时间里，在 UI 设计和品牌形象设计领域，先后获得了四次国内顶级大奖，还有 37 项国际著名奖项。

互动设计通常结合了品牌的故事、价值以及产品，从而创造出直接与用户交流的有趣界面体验。29CM 购物网站不仅是一个"买买买"的空间，它同时传递了品牌的情绪和价值，因此，在界面设计时应兼顾情感因素和软件功能。

设计时，我们采用较少的色彩和线条，降低了界面操作的复杂性，让用户更多地关注内容，达到移动设备容量的"最大化设计"。如果过多地使用互动性细节，可能会使信息传达的功能下降。所以，我们会避免不必要的互动性设计，在小元素中加入小部件，例如"赞"和"分享"功能。

互动功能的选择，如"赞"的图标，我们设计成一颗跳动的红心，"分享"的图标则隐藏起来，只要按 Pinchin/Out 键，就能唤醒或隐藏它，代表你想要分享的情绪。屏幕下拉菜单里，为了避免列表过长、单调，我们将它换成"继续浏览"功能按钮，这样的小乐趣避免用户感到枯燥。除此以外，免费券使用、加入购物车、启动搜索引擎等功能设置都以各种互动细节出现。结合设备对自然手势的感应，我们相信 29CM 的优势在于它的多元互动性。人与人之间通过语言进行沟通，人与设备之间则通过操作手势进行沟通。依照这种趋势发展，未来交互设计必定是一个用户通过各种手势操作创造出立体空间的过程。

29CM APP

设计工作室：PlusX

这款软件包罗了众多品牌，可以让用户随时随地进行购物。用户界面简单美观，突出展示产品的特色，令顾客拥有更佳的消费体验。

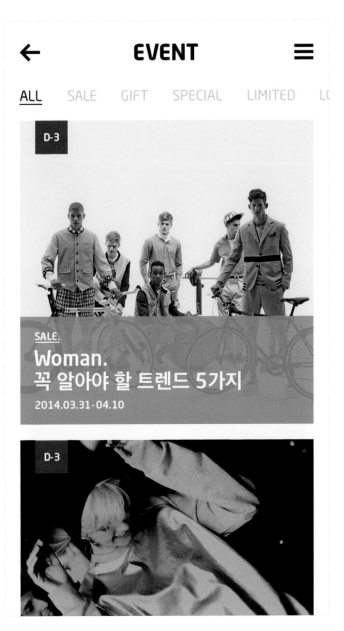

Pomegranate Diffuser
애프터아워 스튜디오 석류 디퓨저

SALE

HUBERD'S SHOE OIL

2,000won
20% 1,600won

CATH KIDSTON

영국을 넘어 전세계 130개의 샵으로 확장됩니다.

PT ⓘ

HISTORY **NOW** COMING

ING

몰튼

09:57:20

29CM COUPON

20%

몰튼 자전거 스페셜 구성
20% 할인

2014.03.24 - 2014.04.07

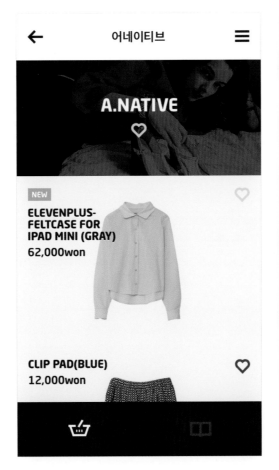

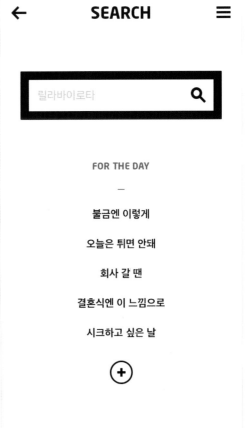

好的用户界面是由什么构成的?

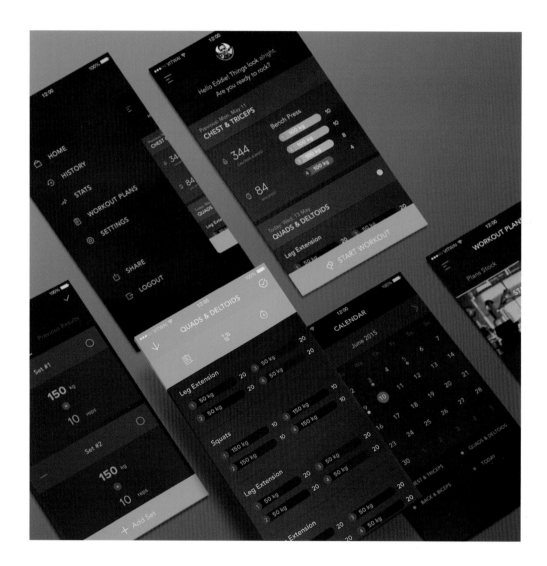

Vitaly Rubtsov
乌克兰
UI/UX 平面设计师

到目前为止,人与机器之间的沟通具有机器的特性。随着人机交互技术的发展,人还是必须以自己不习惯的方式去思考,尽可能适应机械逻辑。程序员试图描述软件系统的细节,给人类逻辑带来了不同的限制和算法。阿兰·库珀(Alan Cooper)* 的书中甚至提及了一种"计算机文化"。了解软件实现的细节、适应计算机逻辑,这些事情都不应让用户去做,应该是一部机器去适应人的需求,而不是反过来让人类去迁就机器。我们使用一款软件的时候不会想智能手机是怎么运作的,好比在看电影的时候不会去想电影投影机是怎么将画面投影到大屏幕上的。我们普遍的想法是应该怎么用这些原理,或所谓的"思考模式"。"思考模式"是设计师的主要工作模式,在这个基础上,还需要融合"执行模式",而且专注于使用时能达到方便简洁的效果。

在过去的几年里,我们见证了一场大规模的运动——以推行机械化的便捷来对抗人类的行为模式。程序、网站和软件能快速传播的话,就会出现越来越多的用户界面以提供更好的用户体验,从而改变我们的生活。所有科技都与我们的日常生活密不可分，再新奇的设备也会变成日常的一部分。不管是用户界面还是别的科技产物，其作用都只是便于人们工作而已。当用户界面应用在智能手机上时，要格外重视使用舒适度。没有人会去阅读使用手册或者看视频教程来学习怎么用一款手机软件。所以，设计师需要

花心思去制作一个不需额外解释，凭直觉便可知道如何使用的用户界面。

* 阿兰·库珀（Alan Cooper），被称为 Visual Basic 之父，曾著书讲述如何让软件的用户界面更加人性化。

WORKOUT BOOK APP

设计师：Vitaly Rubtsov

Workout Book 是一款健身记录应用程序，没有附加繁琐的健身功能，让用户能更详细更纯粹地记录自己每天的健身运动。

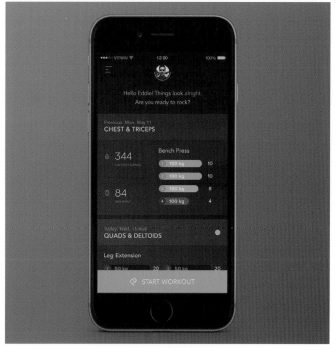

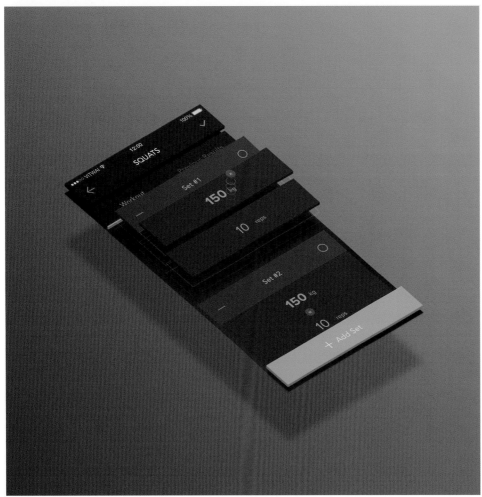

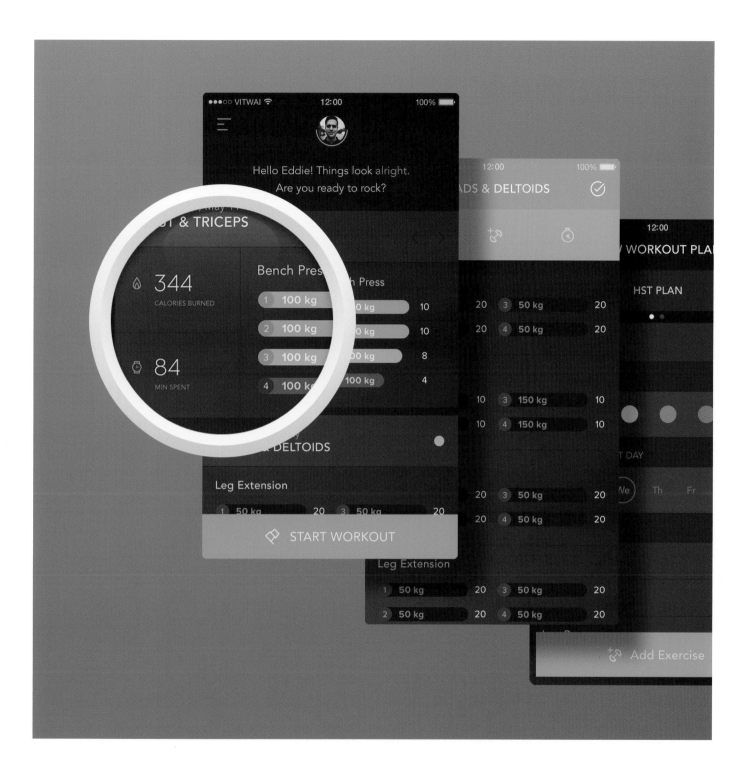

交互设计的关键

Tong Wen
美国

人与交互设计之间的关系犹如爱情，在他们初次邂逅之时，应该是因为交互设计本身魅力十足，所以人们才会爱上它。人与设计经过相处之后，设计应该去聆听、理解以及满足人们的需求。换而言之，交互设计并非只是以用户为中心，还以设计为中心。而经营更好的爱情（人机关系更和谐）的关键则在于平等互助。

能让人机相结合的典型媒介要数"界面"，在一个界面中，主体要素可以被粗略地分成"留白"和"资讯"。"留白"部分既有形亦无形，无形的"留白"在同一层面中充当容器并对信息进行包装；有形的"留白"，会从不同层面出发，将信息分解。总而言之，对于建立信息层级来说，最关键的要素正是"留白"。说到信息方面，不得不提这部分需要应用的视觉手法，为了合情合理且符合功能性需要，设计师应充分考虑颜色、形状和尺寸，才能使"信息"更有力且有效地被表达出来。构建一个所有元素都可以应用的框架（或是设立规范）对于交互设计来说很重要，由此，设计结果可以遵循极简法则，因为不同规模的设计方案都取决于唯一的框架，极简的框架能让设计有更"丰富"的发挥。这就像一种自然现象——"分形"*，分形的每一部分都十分相似，这种原理看似简单，却产生了复杂而多样的模式。

"交互"没有局限，它曾经被定义为人机之间的交互活动，但实际上，它是随时随地在任何物品中都存在的相互作用。换而言之，"无局限"正是交互设计的最大的局限所在。只有明确局限的范围，并努力突破局限进行设计，才能令交互设计进化到更先进更具洞察力的阶段。

* 分形，具有以非整数维形式填充空间的形态特征。通常被定义为"一个粗糙或零碎的几何形状，可以分成数个部分，且每一部分都（至少近似）是整体缩小后的形状"，即具有自相似的性质。

ME.TRAVEL APP

设计师：Tong Wen

ME.Travel 是一款旅行专用应用程序，装载了很多观光资料和信息，用户还可以在应用中列出自己的出行计划，它的操作非常简单方便。

FITBARK APP

设计师：Michael Chiang　　　国家：美国

狗狗不会说话，也不能随身携带智能手机，而 FitBark 这个小小的智能活动监控器解决了这个问题，帮助主人们了解宠物的健康和行为。这款产品的外观是一个很小的狗骨形状，十分时尚，更可轻松地扣在颈圈上，适合各类体型的狗狗佩戴。

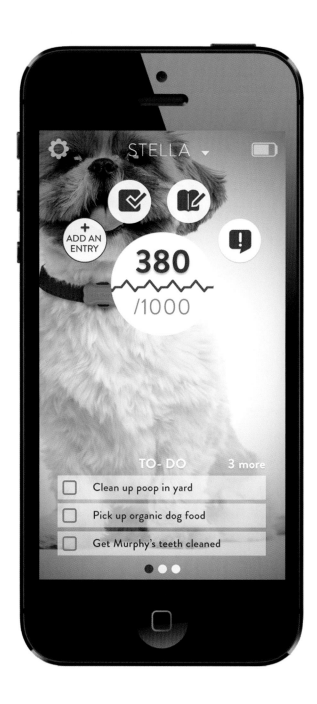

I FEEL – MOOD TRACKER APP

设计师：Nhan T. Hoang　　　国家：越南

I feel 是一款情绪追踪应用，它可以简易地记录以下事情：可以随时在屏幕上记录当时的心情，添加备注的文字，通过统计表查看自己的情绪波动。这个情绪追踪软件对人们来说非常重要，因为他们可以直观地看到自己在一定时间内的情绪变化。设计师认为心情总有起起落落，没有任何一刻的情绪可以持续到永久，希望人们通过使用这款软件，即使情绪跌落谷底，也会慢慢好起来。

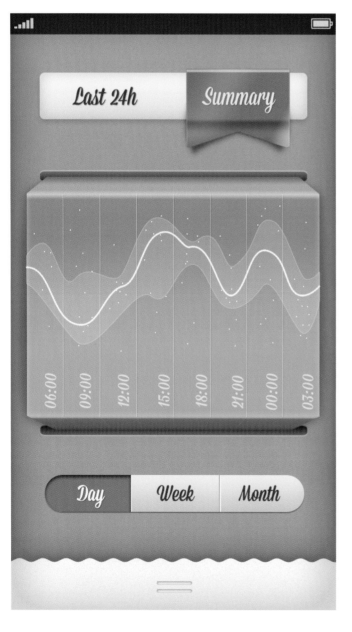

How are you feeling?

Excited!

How are you feeling?

Satisfied

How are you feeling?

Blah...

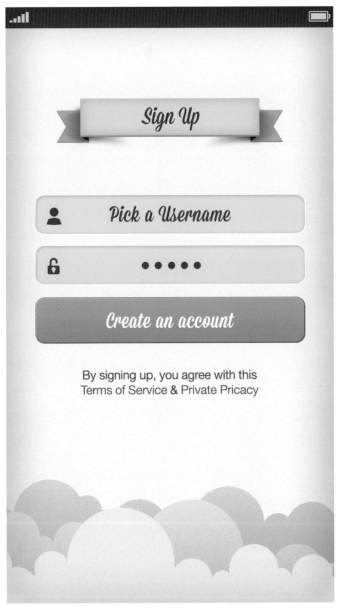

Sign Up

Pick a Username

• • • • •

Create an account

By signing up, you agree with this
Terms of Service & Private Pricacy

Settings

Simonhoang

Sign out

Sync data to server

Also post on Facebook

用户界面和品牌体验

Igor Savelev
俄罗斯

软件的用户界面和交互已成为传统的线下线上公司品牌体验的重要组成部分。用户界面是用户接触品牌的途径之一。通过界面风格、细节和微动画，让用户在使用过程中自我催生出对品牌的准确体验，正是这种独一无二的用户感受让产品从众多竞争者中脱颖而出。我们应该改善用户界面使其更好地响应用户的行为，用户界面是人机、用户与服务、品牌和客户之间的一种现代语言。

交互设计必须处理好用户的情绪，在传递积极情绪的同时，避免对产品产生负面影响。动态图标、动画、声效、字体和颜色的运用，都能协助产生交互型界面；去感受用户反馈，基于品牌和产品的需求影响用户，以上种种都能影响一个用户对软件使用的看法。

在不久的将来，当企业只通过数字用户界面来关注用户，并与用户交流的这种数字传播途径将变得尤为重要。

FAMILIES APP

设计师：Igor Savelev

所有的家庭纪事、你的朋友和家人的纪念日、孩子生日，都能存在一个应用程序里！
与朋友的约会、自己的结婚纪念日或者是孩子的生日等很难全部都记牢，那就把它们存进这个应用里吧。再也不用设置一堆闹铃或者备忘录，
设置这个应用很简单，可以每日使用。

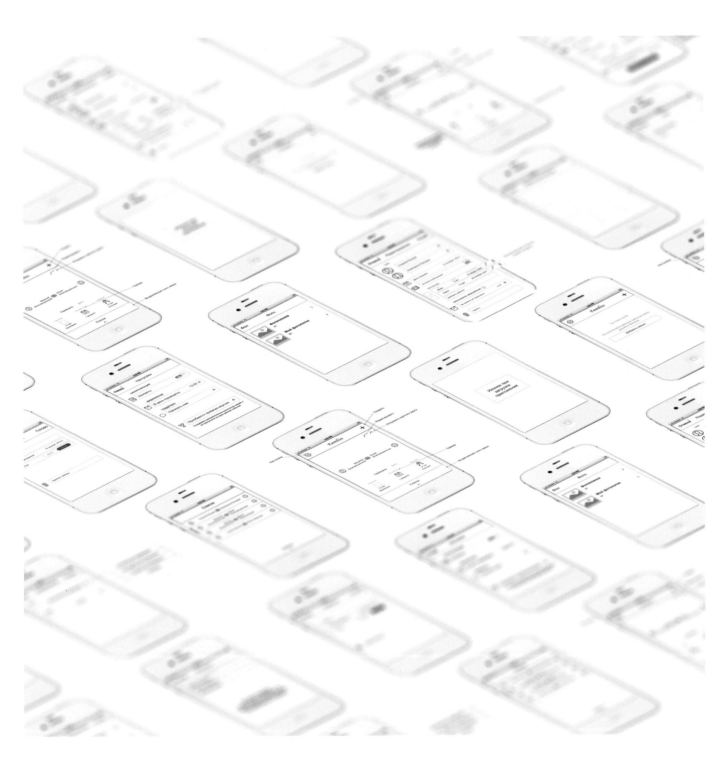

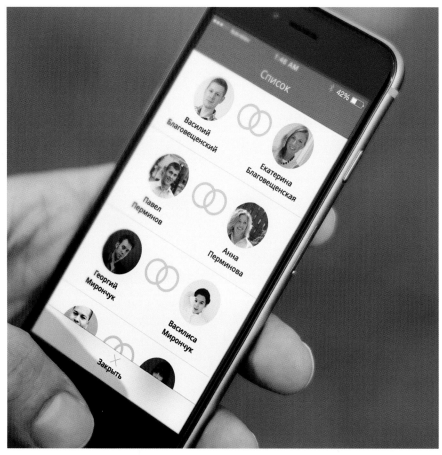

HUGE IOS UI PACK

设计师：Igor Savelev

可供用户创作属于自己的软件设计、软件模型，或者用超过 200 个 iOS 界面和上百个 UI 元素去组成 8 种受欢迎的内容。

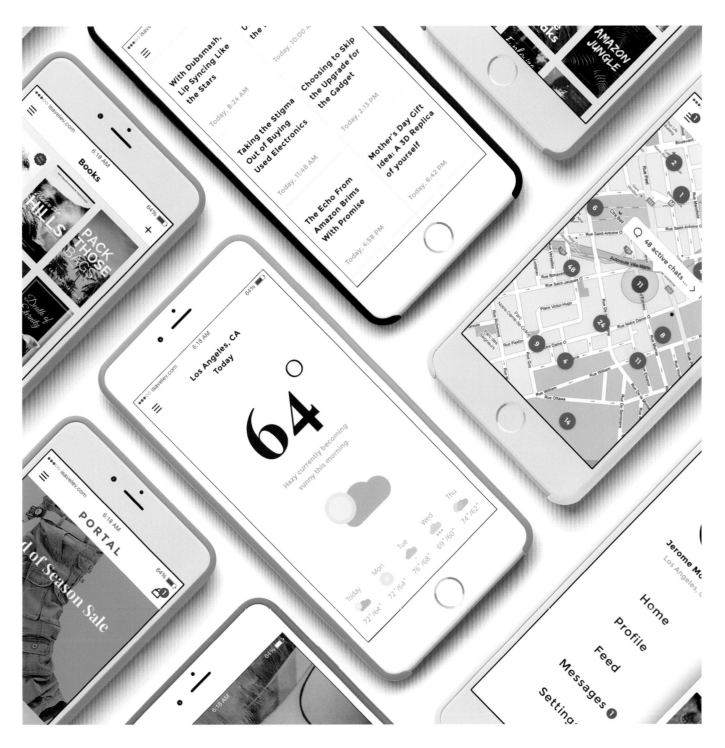

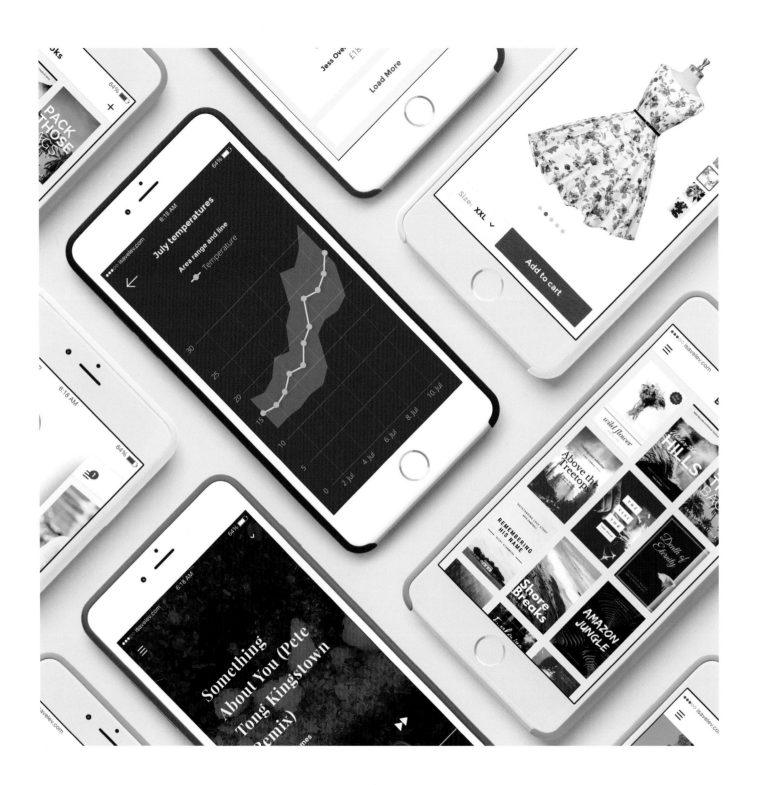

Vector based

Well layered

Google fonts

TOTUS APP

设计师：Igor Savelev

Totus 是一款按需提供洗衣运送服务软件，可以当它是洗衣服务界的优步（Uber），随叫随到，把脏衣服运送到洗衣店里，洗好之后会运送到客人手上，既方便又快捷，适合节奏快的城市生活。

The city needs you more than you need the city.

Time is precious. No extra steps and nowhere else you have to go to drop off or pick up.

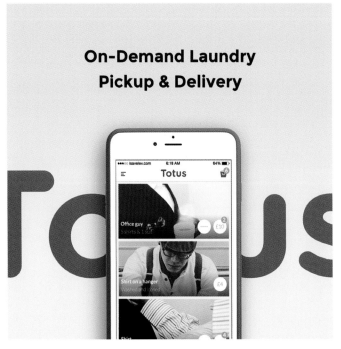

Totus is on-demand laundry delivery, kinda like uber for laundry.

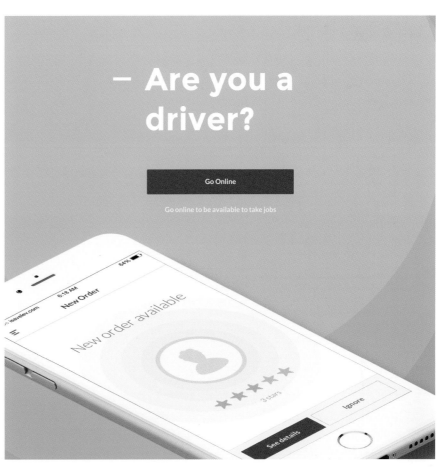

Are you a driver?

Go Online

Go online to be available to take jobs

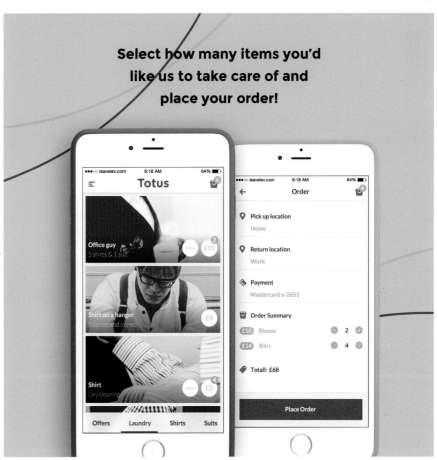

Select how many items you'd like us to take care of and place your order!

交互设计的实用性和用户体验

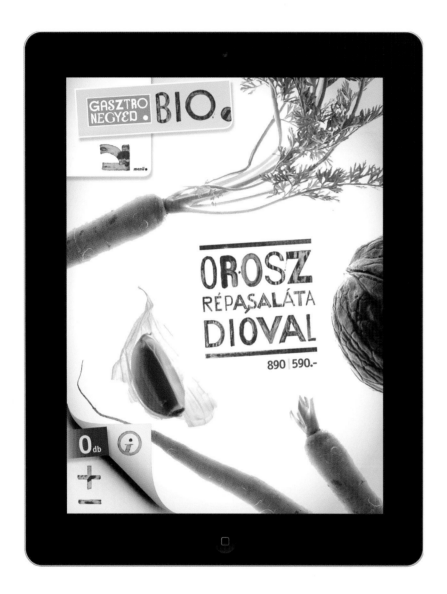

Laszlo Svajer
匈牙利

我与好友 Sophie 及程序员弟弟一起在同一个工作室工作。工作室（www.
esgraphic.hu）的工作内容最大一部分就是网页设计。这个作品是餐厅的品牌
形象设计，通过设计菜单、导视系统、餐厅墙纸、网站、有外卖功能的手机软件、
外卖的包装和其他一切零零碎碎的细节，为来客创造一种复杂的体验。

我尝试尽力在用户和主题之间建立一种牢固的联系。我们应该找到一种全新而
实用的工作模式，以令人惊喜的小细节去吸引用户的注意，为用户营造一种新
颖而具趣味性的体验。

我喜欢设计有创造性又新颖的事物，但重要的是实用性第一。对我来说，设计最重要的工具是视觉层次，每个细节如组合方式、选色、字体和插图都应该为视觉层次服务。如果组合、大小以及留白设计得好的话，能很好地帮助用户理解界面以及界面的运作方式。用其他工具如颜色、排版、说明、图片等经常被用来营造气氛、生成情绪。所以信息第一，概念第二，视觉层次第三，氛围第四。很难分解这些步骤，因为所有东西都息息相关，但它们都服务于实用性，缺少任何一项，这个作品就没有意义了。所以

我总是在每个阶段反复检查自己的作品，当我不太确定某事时也会寻求外人的帮助。

在不久的将来，总会有新技术，如穿戴设备、声态和动态识别等相继出现。如果它们能更高效地与机器沟通对话，它们就会被广泛应用，反之则可能被淘汰。对我而言最重要的，除了高效之外，还有用户的体验与情绪，因为我们不是机器。人为因素之下，情绪应占未来的用户界面中更重要的一个部分。

INTERACTIVE RESTAURANT MENU

设计师：Laszlo Svajer

该项目是一间餐厅的概念设计及其交互式菜单设计。在设计之初，设计师已经收集了用户如何选择食物的相关数据，发现一般为以下几点：味道（尤其调味料）、生物效应（材料）、情感效应（甜点和内啡肽）以及特别体验（外国食材、传说和故事）。因此选择了四个视觉风格（和以上四点相关）去展示信息，而且需要一个灵活的伞形结构标识令它易于使用。在最后成品中，菜单看起来像一本杂志，因为顾客在等候食物时会把它当作一本印刷杂志来阅读。顾客们可以阅览图片，获取餐碟中传递的信息（成分、起源和故事等）。

在这本菜单里，一定有一张大图去说明最新出品的食物，以及食物与所使用的图形样式（食物成分证明呈于餐碟之上的究竟是什么、神秘灯光呈现一种未知的感觉、超现实主义的插画去展示食物味道）之间的关系。

SKOLKOVO MAP APP

设计工作室：Radugadesign　　国家：俄罗斯

Skolkovo Map 是俄罗斯 Skolkovo 科学城的地图应用程序，包括全景图和多个分区图。全景图模拟真实空间，可以使用户像站在市中心大厦 Hyper Cube 楼顶一样俯瞰城市的未来建筑。分区图可以帮助用户了解城市建筑的各类信息，例如观看建筑在白天和夜晚不同的 3D 效果图，查看一个画廊建筑的设计理念、设计草稿、图片及模型等。

AVOKADO APP

设计师：Aloïs Castanino　　　国家：法国

Avokado 是一款在线订购健康水果和蔬菜的日常应用，界面风格清新，操作简便。

RADICAL RED
#FE2C65

RAJAH ORANGE
#FF9C27

BRIGHT SUN YELLOW
#FFD524

JORDY BLUE
#59AFEC

PASTEL GREEN
#72E979

Rubik - Bold

Main headlines

Rubik - Medium

Sub header

Rubik - Regular

Praesent id metus massa, ut blandit odio. Proin quis tortor at risus et justo dignissim congue. Donec congue lacinia tor lectus condimentum laoreet.

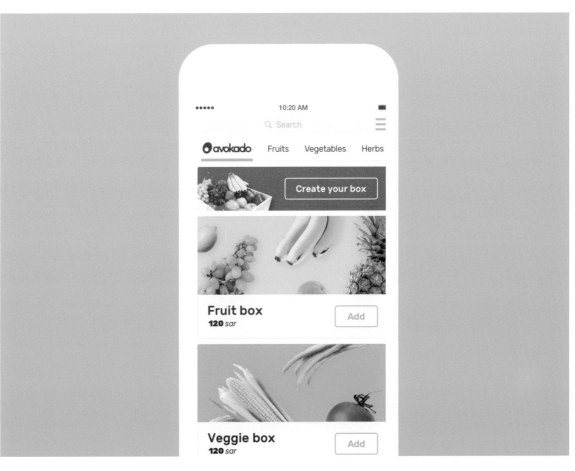

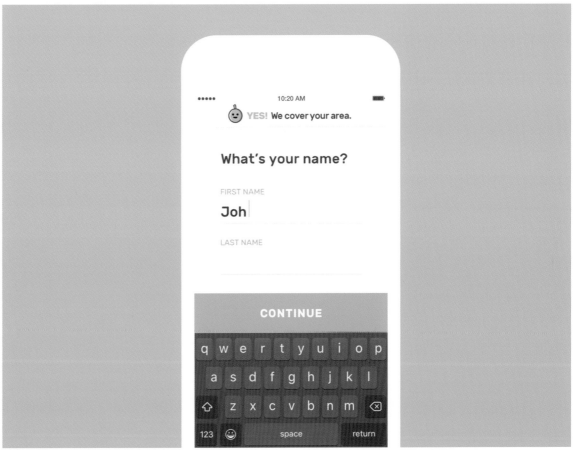

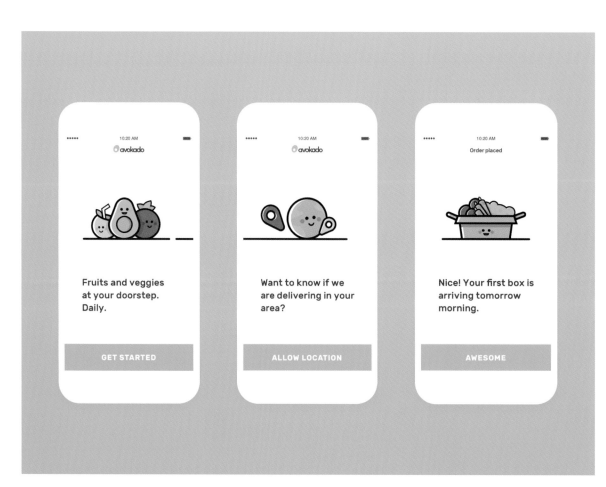

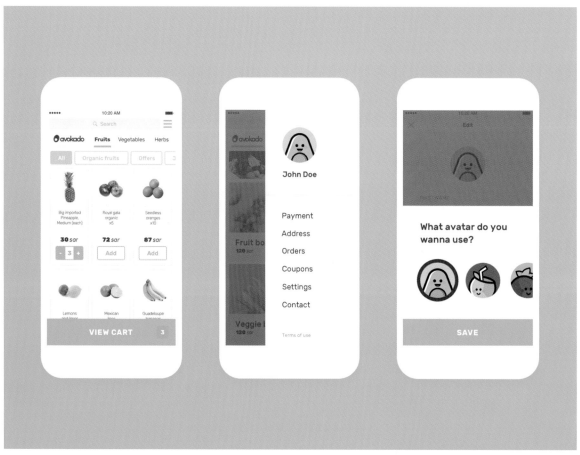

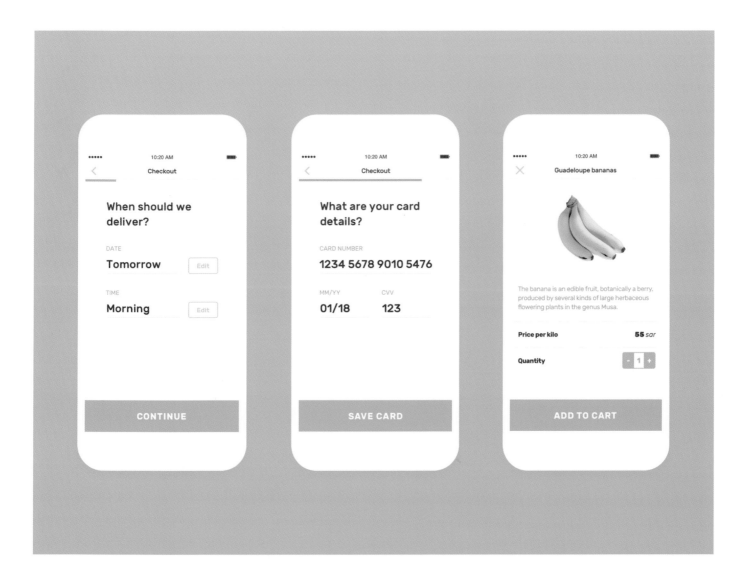

LITTLE SLEEPER APP

设计师：Alper Çakıcı　　　国家：土耳其

Little Sleeper 专为宝宝和想要快速入睡的人群设计。用户可以添加
自己的录音文件，聆听内置的舒缓音乐并设定循环播放时间。

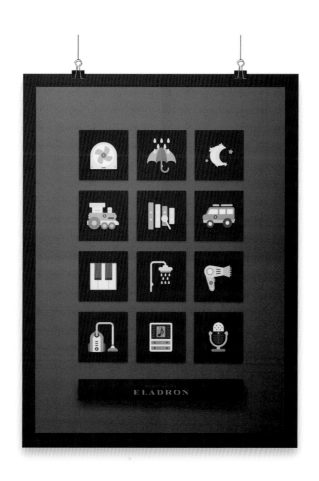

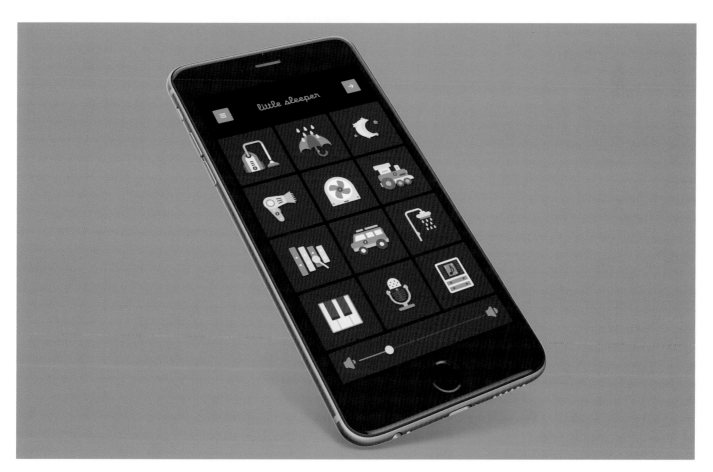

审食官 APP

设计师：何俊良、吴敏豫　　　国家：中国

现代食物充斥着各种令消费者难以捉摸的有害添加剂和过量的营养成分，消费者往往对这些食物的信息难以感知，而这款应用程序正好可以告诫大众哪些食物是不健康的。结合古代审案的方式将其归纳成了4个主要功能。"告"是通过症状来找出嫌疑的食品。"审"是通过食物的条形码进行分析，每一种食物信息对应一个条码。而"判"则是扫描出这个食品的信息之后，我们通过一个证人角色来控诉食物对人体造成的危害。"判"完之后，我们还设计了一个能够记录饮食的功能"刑"，也就是我们要根据"罪行"提供相关解决方案。应用程序能让用户在购买食物的时候通过手机便能轻松地查阅和参考。

扫描界面

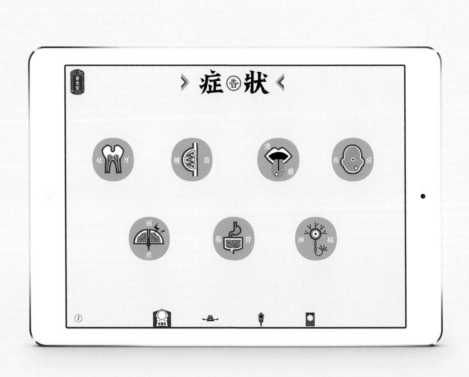

HEALTHCARE LIGHT APP

设计师：Mattia Becatti　　国家：瑞典

这款智能照明系统除了基本的照明功能之外，还包括照明、训练模式、光照疗法和唤醒灯等功能。它配备一个 80 厘米 ×50 厘米的白板，该尺寸根据人体的平均身高而设计，既能保证照明效果，又不至于太刺眼。它还配备两个哑铃，其功能相当于心跳感应器。系统可以感应用户的心跳并相应地调整训练模式。

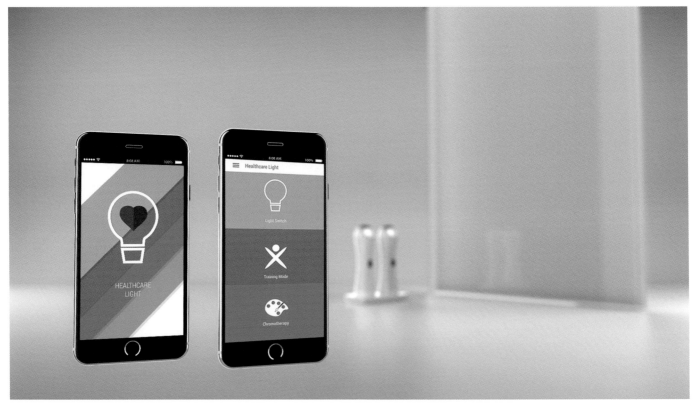

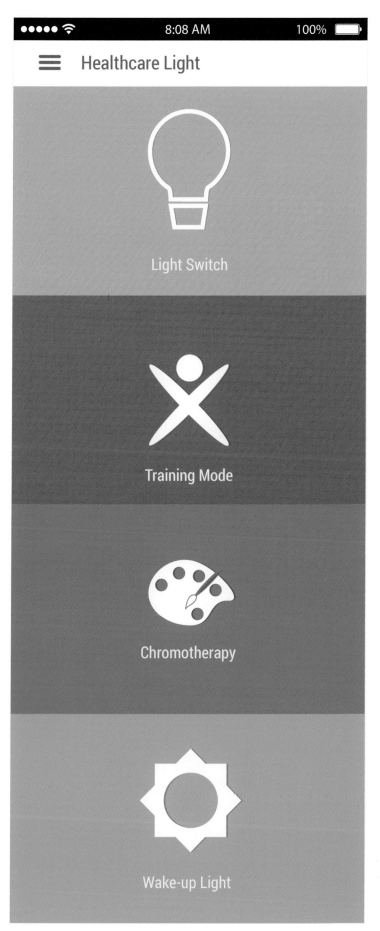

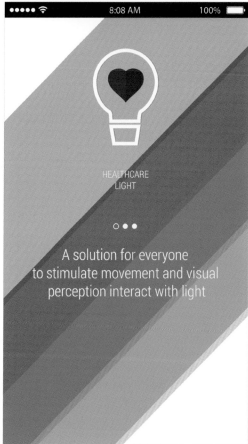

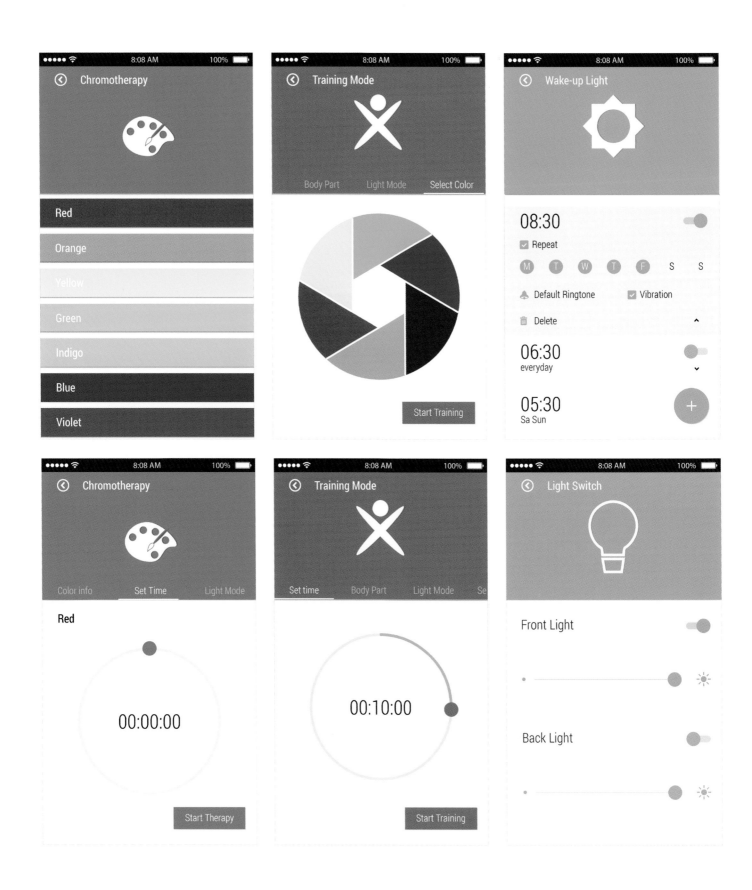

用户界面和交互模式

主要的交互功能是训练模式，它使用灯光作为一种指示，指导用户变换动作。白板挂在墙上，作为光的反射面。光束将从白板的后面投射到墙上。用户的任务便是跟随光束做相应的动作。该训练模式既可锻炼用户的视觉感知，又可协调用户的四肢功能。

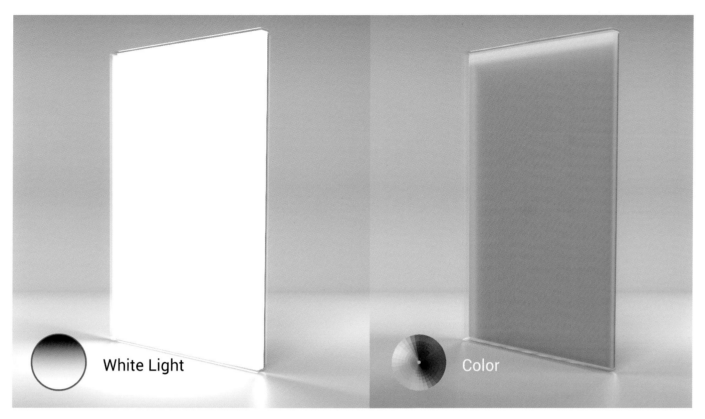

White Light

Color

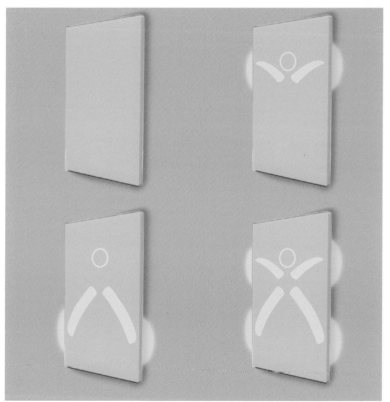

研发背景

该系统适合大众使用，尤其是中老年人。随着年龄的增长，老年人的视力会逐渐下降，对空间的感知能力会逐渐降低，而且眩光感会增加。这套系统对于他们而言尤其适用，原因是它可以基于动作和认知活动之间的协调性，帮助运动障碍的群体协调身体运动。

用户体验

用户使用这套系统后，可以获得精神和身体健康等多方面的益处。首先，他们可以通过做些简单的锻炼来改善视觉认知及肢体协调。其次，他们还可以在舒缓的灯光氛围下进行冥想。此外，他们还可以设置唤醒灯，在柔和的光亮中醒来，精力充沛。

交互设计的一些启示

Frantisek Kusovsky
捷克

我的工作方法总是一样：用设计解决问题，但不仅仅是让它看起来漂亮那么简单。当然，这并不意味着好的设计就不好看，我想说的是视觉不是设计的唯一可取层面，设计意味着一切。但还有很多设计师沉迷于让设计"好看"，这毫无意义而且只能吸引一些跟这样庸俗的想法一致的人，他们不会让你的设计有所进步，因为他们期望的东西总是停留在差不多、很基础的东西里。所以千万不要掉进这样的陷阱里。

不管我在做什么项目，我总是在想谁才是用户，他们会在哪，会怎么用这个应用程序？这些问题很重要，我会尽可能地向自己提出更多的问题：用户会用什么设备？在什么环境里使用？为什么使用？这对于设计来说很重要，不然设计会走偏，设计的视觉层面也救不回来。

我们想一下典型的飞机里展示的用户界面，到底要怎么设计。你需要有乘客的体验（如果在更多的机型里收集这样的体验，意味着会有更多的界面展示，收集而来的信息对设计师来说会更好）。经过这个步骤，现在你能了解自己想怎么设计了。但在真正的设计开始之前，你还要处理一堆问题：怎么去把控界面展示——用一些设备或者全触屏。你的手会在屏幕的哪个位置进行点触？它会覆盖掉特定区域里一些重要的字符串（Nav Elements）吗？所有的字符串都有意义吗？我们需要去掉一些没用的吗？这些问题不会止于交互。这种情况之下，设备也非常重要。要怎么解决呢？要注意点触的简易性、系统反应速度和飞行期间屏幕背光调节。设计师要提出很多问题然后再解决它们。

所有好的设计都是在充分调查、理解、计划和探索的基础上得出的。我设计的作品里，很喜欢实用简约的风格，但简约不简单。确保用户可以使用自如，确保设计没有隐藏重要的东西或者因为视觉设计的关系把重要的东西遮盖住。我会在作品中应用可重复使用的设计元素。例如，设计软件的时候，我会尝试在所有页面上重复使用特定的元素，它们因而成为应用程序的主要方面。不止是导航元素，一些其他的东西，如一些微妙的元素，设计师可以重复使用。基于这个道理，设计师可以设计出很漂亮又很复杂的用户界面，而且它们对于终端用户来说还很简单易懂。

随着时间流逝我发现了什么？

要试着去学习基础的东西，同时还有学会怎么超越这些东西。谷歌材料设计（Google Material Design）或者是苹果指导方针（Apple Guidelines）都是很好的例子。当然，在很多例子当中，最关键的是怎么运用这些知识，它们的确可以帮助你搞明白很多问题和解决方式，但是他们不是连锁关系。不要止步于此，不要将你设计的方式固定于某一种设计模式、风格或者趋向。想想VSCO（一款照片滤镜应用程序）吧，它不仅是一款很棒的图片处理软件，还一直挑战用户界面设计、品牌设计和整体设计，而其他人却只会跟风。

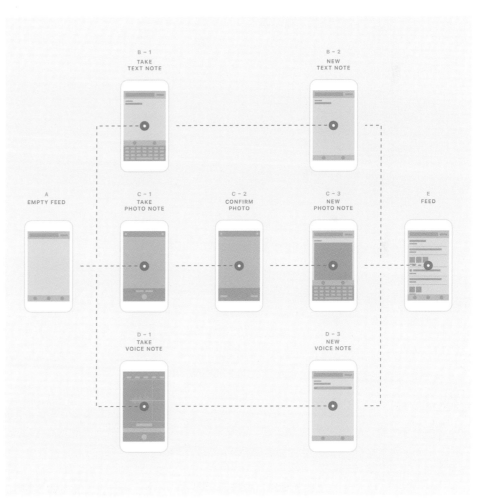

NOTTIT APP

设计师：Frantisek Kusovsky

Nottit 是一款简单的 iOS 系统专用记事软件。用户只要刷新笔记就可以默认保存，用户需要随时捕捉自己的想法的时候，app 的快速反应正好能满足用户的要求。清新活力的配色和简单的图标、简约的界面和恰当的对比度都是 app 的设计亮点。

Color palette

Sunrise

#e97e44 – #e98f44

Energy

#e97e44

Light

#e97e44

Fog

#e97e44

Dark

#e97e44

Typography

This is note name

San Francisco Text Light 32

abcdefghijklmnopqrstvwxyz

This is note date

San Francisco Text Light 24

0123456789

UI icons

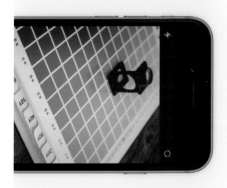

EASY NOTE APP

设计师：Iftikhar Shaikh   国家：印度

Easy Note 是一款简便易用的笔记应用。用户可以方便地存储信息并同步到所有设备上。即使在离线状态，用户仍可查看笔记内容。目前，该应用仅支持 Android 设备。

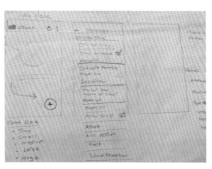

Create your Personal To-Do Notes

Lorem ipsum dolor sit amet, consectetur adipisicing elit, sed do eiusmod tempor incididunt utlabore et dolore magna aliqua Ut enim ad min im veniam,

SKIP   NEXT

Skip

Create your Personal To-Do Notes

Lorem ipsum dolor sit amet, consectetur adipisicing elit, sed do tempor incididunt utlabore et dolore magna aliqua Ut enim ad min im

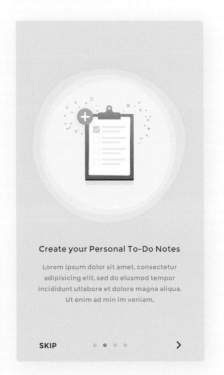

Create your Personal To-Do Notes

Lorem ipsum dolor sit amet, consectetur adipisicing elit, sed do eiusmod tempor incididunt utlabore et dolore magna aliqua. Ut enim ad min im veniam,

SKIP

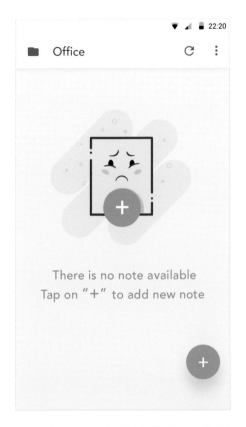

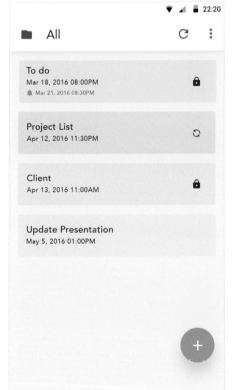

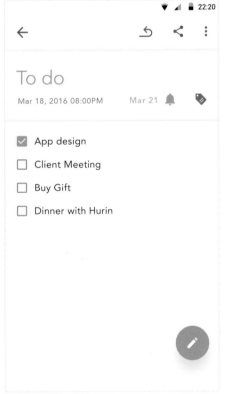

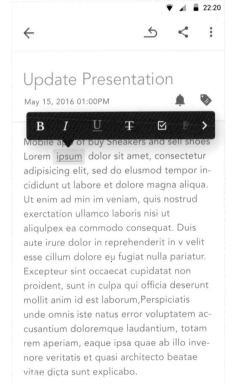

SEOUL IN MY HAND: OPEN FINANCE IN SEOUL

设计师：Kyung-hun Lim 国家：韩国

设计师应首尔市政府之邀而设计了此作品。这是一个能快速显示首尔市税收和支出的移动网络服务端。用户可以按周、月和年来查看年度收入和支出。

Open finance in Seoul - SEOUL IN MY HAND

This project is a mobile web service commissioned by Seoul Metropolitan Government.
This service immediately reveals seoul tax revenue and expenditure.

01. Feature

This mobile service immediately reveals seoul tax revenue and expenditure.

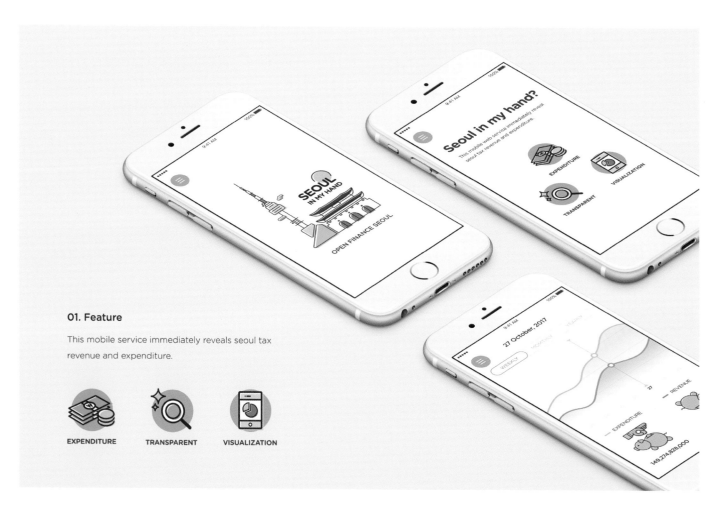

EXPENDITURE   TRANSPARENT   VISUALIZATION

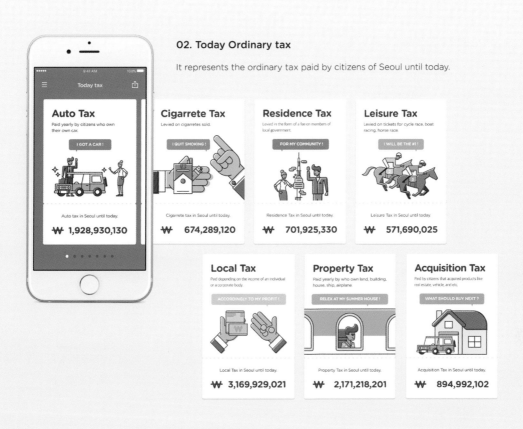

02. Today Ordinary tax

It represents the ordinary tax paid by citizens of Seoul until today.

Auto Tax
Paid yearly by citizens who own their own car.

I GOT A CAR !

Auto tax in Seoul until today.

₩ 1,928,930,130

Cigarrete Tax
Levied on cigarretes sold.

I QUIT SMOKING !

Cigarrete tax in Seoul until today.

₩ 674,289,120

Residence Tax
Levied in the form of a fee on members of local government.

FOR MY COMMUNITY !

Residence Tax in Seoul until today.

₩ 701,925,330

Leisure Tax
Levied on tickets for cycle race, boat racing, horse race.

I WILL BE THE #1 !

Leisure Tax in Seoul until today.

₩ 571,690,025

Local Tax
Paid depending on the income of an individual or a corporate body.

ACCORDINGLY TO MY PROFIT !

Local Tax in Seoul until today.

₩ 3,169,929,021

Property Tax
Paid yearly by who own land, building, house, ship, airplane.

RELEX AT MY SUMMER HOUSE !

Property Tax in Seoul until today.

₩ 2,171,218,201

Acquisition Tax
Paid by citizens that acquired products like real estate, vehicle, and etc.

WHAT SHOULD BUY NEXT ?

Acquisition Tax in Seoul until today.

₩ 894,992,102

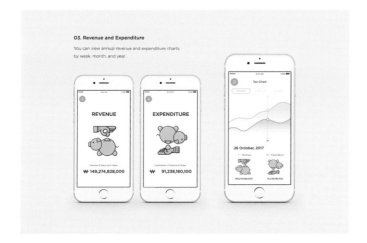

03. Revenue and Expenditure

You can view annual revenue and expenditure charts by week, month, and year.

REVENUE

₩ 149,274,828,000

EXPENDITURE

₩ 91,238,180,100

Tax Chart

26 October, 2017

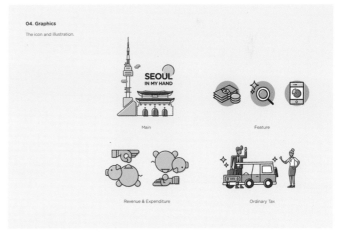

04. Graphics

The icon and illustration.

SEOUL IN MY HAND

Main

Feature

Revenue & Expenditure

Ordinary Tax

237

ICOOK FOOD APP

设计师：Nitin Jain   国家：印度

Icook 是一款美食应用，用户可查找美食、保存食谱及获得相关信息。
有了这款应用，用户足不出户便可轻松快捷地订购美食。

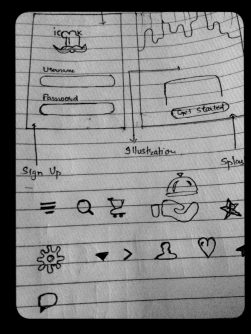

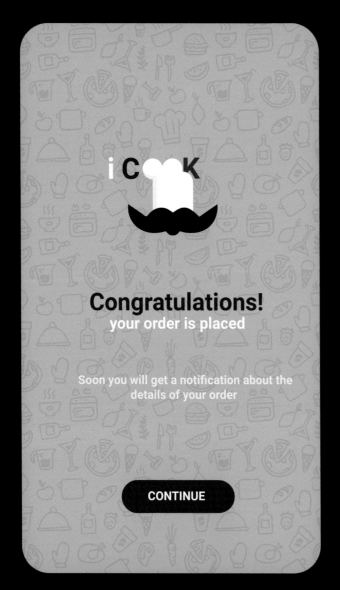

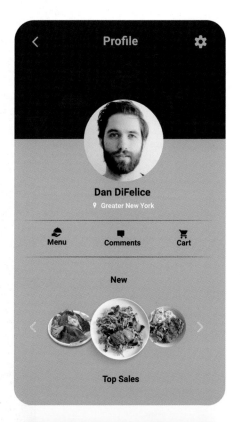

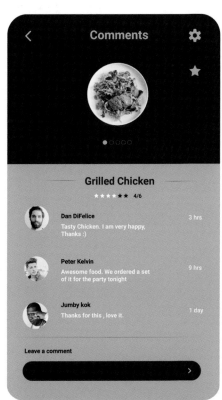

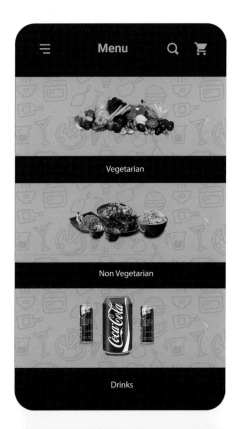

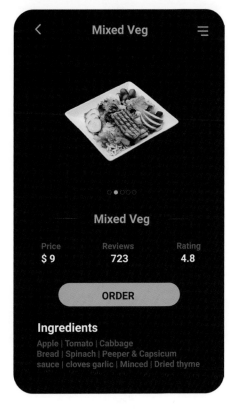

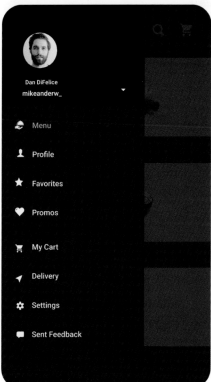

未来的用户界面将会是怎样的？

Ee Venn Soh
马来西亚

我相信未来的交互设计将会且必须会是具有包容性的。它必须从用户手上的设备延伸到不同产品、服务、使用环境和使用体验中。随着语音用户界面和 AR / VR 技术的兴起，我们需要重新考虑用户将如何与我们的产品进行交互。追赶科技发展和潮流都是很困难的，但是无论如何有一样东西还是永恒不变，那就是用户，是人。用户应该是所有设计步骤要服务的中心，无论是设计平面、服务或者其他什么东西，都要牢记这一点。设计师要理解用户，搞清楚使用的背景，确保设计的产品既有用且可用才是最重要的。作为一名设计师，你需要为自己做的每个细微设计决定负责任。尤其是当你设计一个大型的应用程序能直接影响上百万用户的时候。设计师的设计会决定用户使用应用程序时的难易程度。预测未来的交互设计很难，但可以肯定的是，将来人们获取信息的方式一定大有不同。设计师现在能做的是，做可持续设计，让自己的交互作品能够"存活"很长一段时间。因此，我们需要做可以预测未来的用户界面，这说起来并不简单。如果由你来决定产品设计的标准和准则，首先要保证的是产品的一致性、可扩展性、现代性和模式化。通过压力测试，检验你的设计在不同的背景、环境下，到底哪种模式可行哪种不可行。为了增加检验的复杂性，你需要更全面地考虑你的设计系统如何在不同的平台上运作。

GRAB APP

设计师：Ee Venn Soh

Grab 是一家网络运输与技术公司开发的打车和物流运输应用软件，主要的应用市场在东南亚，尤其是马来西亚、新加坡、泰国、越南、印度和菲律宾。

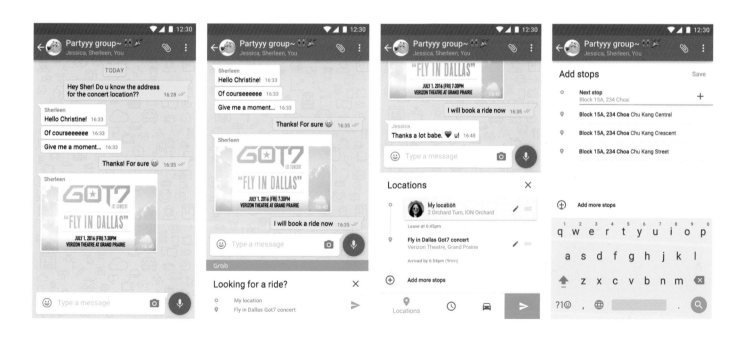

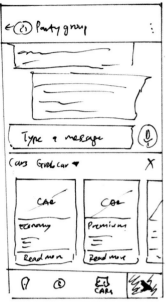

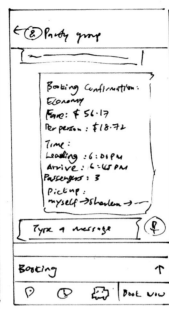

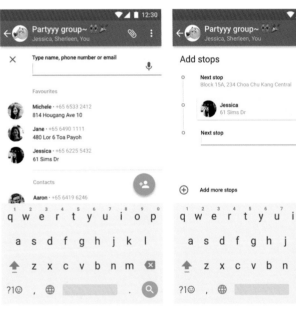

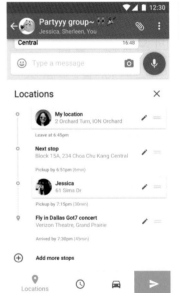
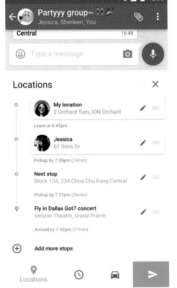

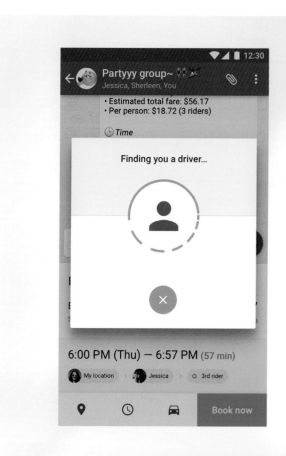

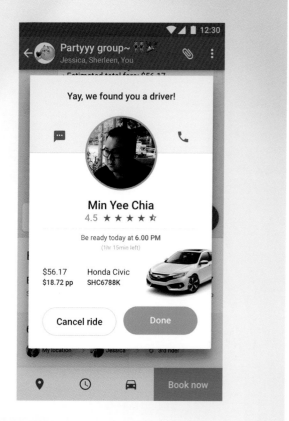

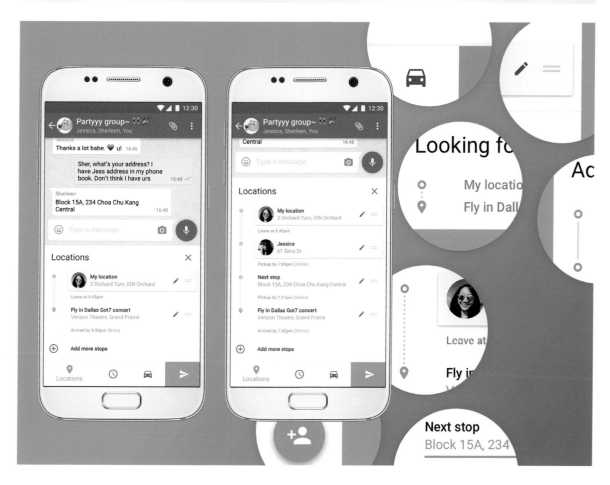

JETSTAR-RESPONSIVE ONLINE CHECK-IN

设计师：Ee Venn Soh

Jetstar 航空公司最近提供了移动值机和电脑平台登录值机的服务。移动设备值机页面为手机网页，电脑值机则是在旧平台 Skysales 上。旧页面容易引起乘客理解混乱，被多次投诉，新页面要理清所有值机步骤，让乘客方便出行。

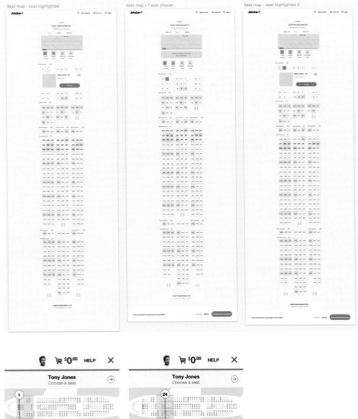

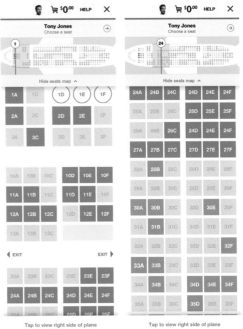

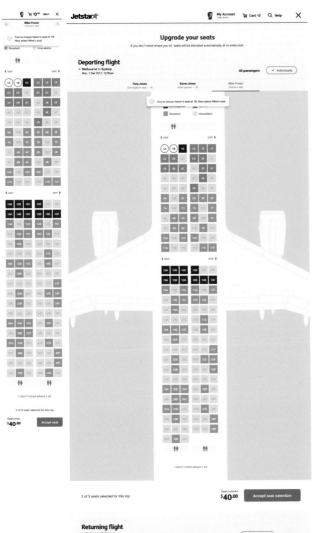

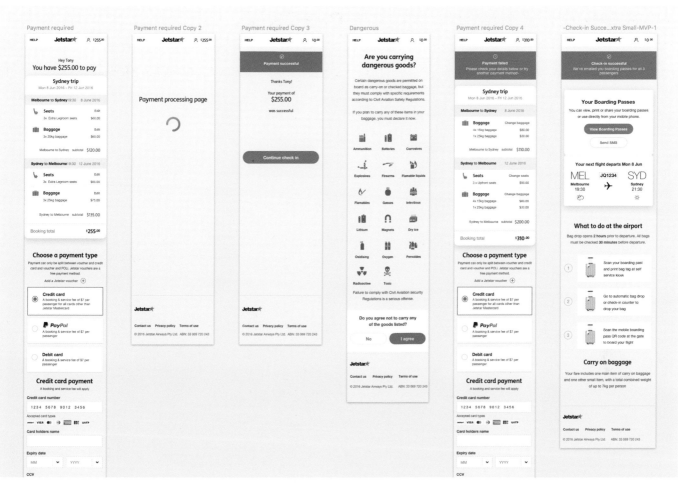

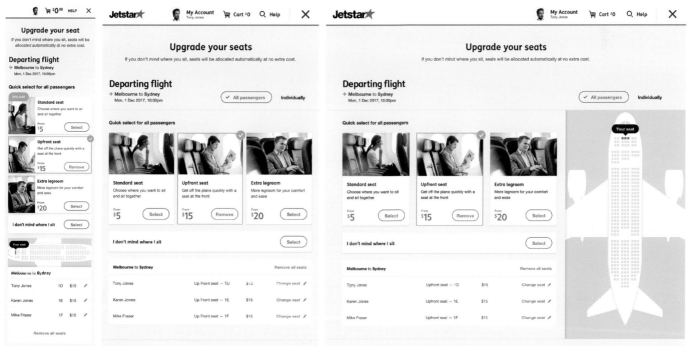

245

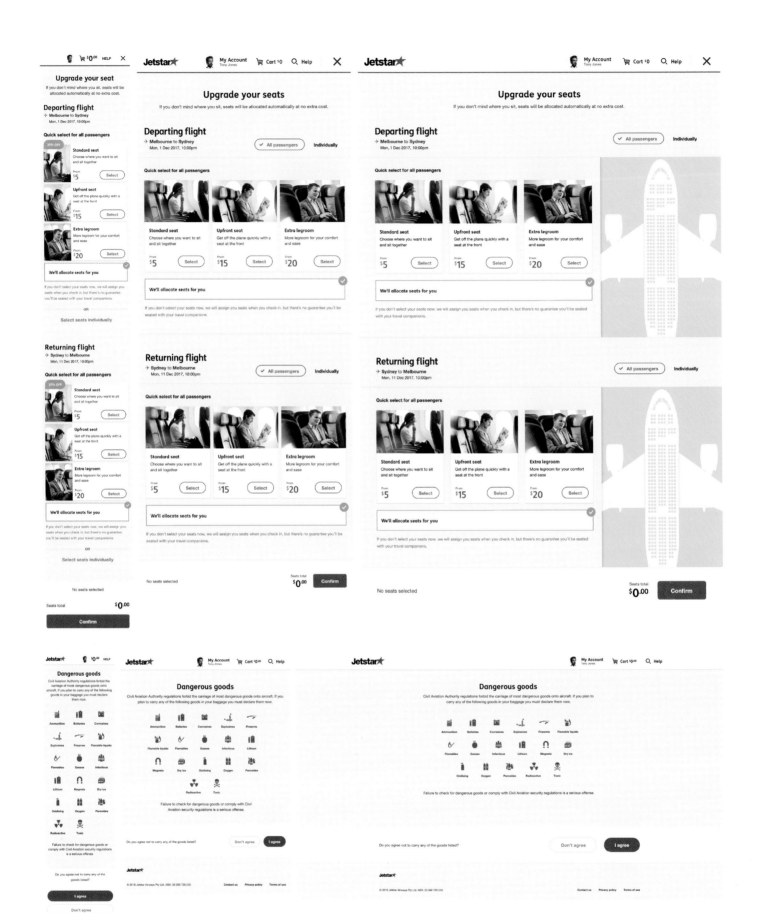

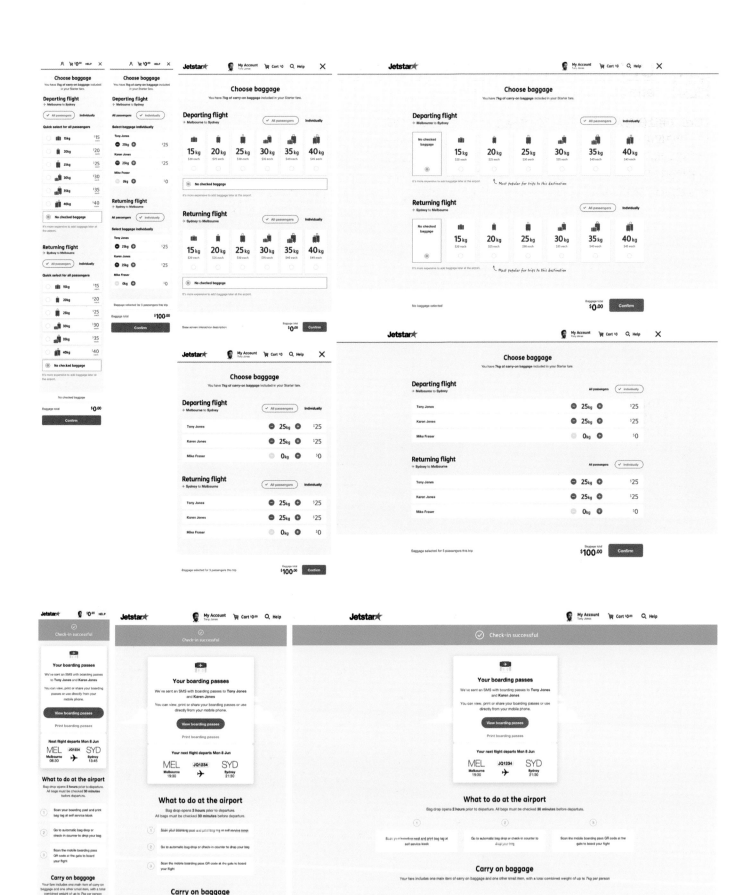

UFFIZI MUSEUM-APP CONCEPT

设计师：Saverio Rescigno   国家：意大利

Uffizi 应用让任何人都可以感受到艺术的魅力。它的使用方法十分简单，用户仅需在安卓或苹果手机上安装这个应用并创建账户便可开始使用。用户可以拍摄展品的照片并上传，随后你会听到有关该展品的相关内容，包括作者及创作故事等。盲人或视力障碍人士可以使用它的音频功能，而聋哑人士则可以阅读屏幕上的文字说明。

SCHOOL PAYMENT APP

设计师：Mohammad Afzal   国家：印度

这是一款校园支付应用软件。它支持两种客户端：家长 / 学生端和学校端。家长 / 学生可创建
账号并支付学费及购买物品。学校端可添加学校和银行详情，学生可选择学校支付费用。

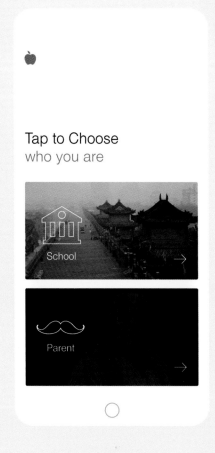

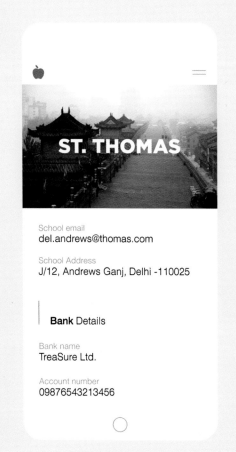

Sleek

Bold

Profile · Transaction · Pay fee

School
St. Thomas

Student Name
Neil Arm Strong

Class
3rd

Student Roll No.
853

Profile · Transaction · Pay fee

Physics lab manual
Rs. 700

Refractor telescope
Rs. 14,500

Athlete's school shoes
Rs. 3200

Laboratory equipments
Rs. 2200

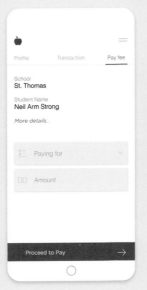

Profile · Transaction · Pay fee

School
St. Thomas

Student Name
Neil Arm Strong

More details..

Paying for

Amount

Proceed to Pay →

< Payment

VISA · Master Card · Wallets

Card Information

Full name

Card number

MM · YYYY · CVV

☐ Save card

Rs. 2200

Checkout →

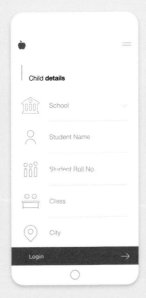

Child **details**

School

Student Name

Student Roll No.

Class

City

Login →

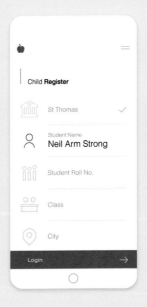

Child **Register**

St Thomas ✓

Student Name
Neil Arm Strong

Student Roll No.

Class

City

Login →

SURVEY APP

设计师：Mohammad Afzal   国家：印度

这个应用用于开展市内调查。调查员将根据注册用户信息等获取某地区的详细信息。随后，调查员可到访参观地点并使用应用确认用户信息和锁定详情／数据。

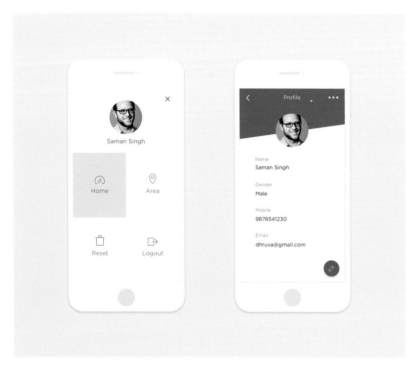

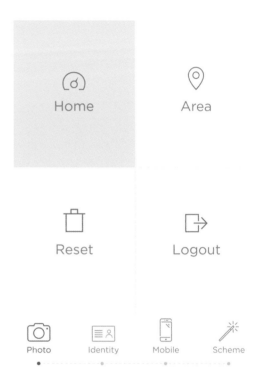

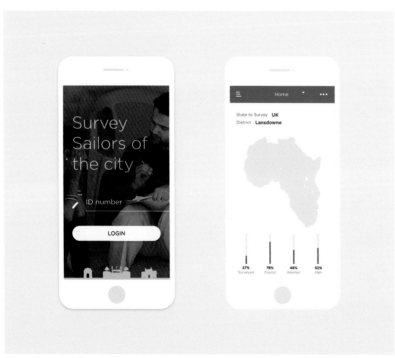

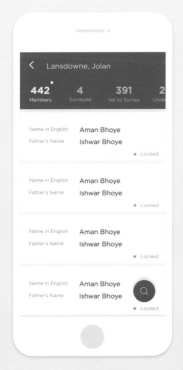

INDEX

致谢

善本在此诚挚感谢所有参与本书制作与出版的公司与个人，该书得以顺利出版并与各位读者见面，全赖于这些贡献者的配合与协作。感谢所有为该专案提出宝贵意见并倾力协助的专业人士及制作商等贡献者。还有许多曾对本书制作鼎力相助的朋友，遗憾未能逐一标明与鸣谢，善本衷心感谢诸位长久以来的支持与厚爱。

投稿：善本诚意欢迎优秀的设计作品投稿，但保留依据题材等原因选择最终入选作品的权利。如果您有兴趣参与善本出版的图书，请把您的作品集或网页发送到 editor01@sendpoints.cn